전산정보수학

김익성 지음

KM 경문사

Preface _

머리말

정보화 시대를 지나 맞이하는 암호화 시대는 효과적으로 컴퓨터를 활용하기 위하여 컴퓨터에 관한 기본 이론과 그 응용에 관한 지식을 필요로 한다. 또한 전산 이론에 필요한 수학적 기본 개념의 요구는 필연적이다. 이 책은 수학의 여러 개념과 도구들이 컴퓨터 이론과 응용에 어떤 영향을 미치고 있는가에 대해서 알아보고 많은 예제와 정리를 통해서 문제의 해결 능력과 분석 능력을 향상시키는 것을 목적으로 한다.

또한 그리스 시대부터 사용했던 암호이론은 정보 보호에 대한 수요와 요구가 증가하면서 정보의 전송과 수록은 물론 도청방지를 위하여 널리 이용되고 있다. 비밀 유지를 위한 암호는 외교, 군사 그리고 행정에서 비밀을 요구하는 문서와 저장된 자료의 송신, 디지털 서명, 전자 자금 전송, 개인 식별 번호 등에 널리 이용되고 있다. 또한 전자상거래, 온라인게임, 전자우편 등 인터넷에서 이루어지는 각종 활동의 보안에 이용되고 있다.

날로 높아지고 있는 암호이론에 대해서 우리가 배운 지식을 바탕으로 비밀열쇠 암호체계와 공개열쇠 암호체계에 대해서 간략하게 소개한다.

이 책에 있는 많은 문제를 통해서 학생들의 실력이 향상되기를 바란다.

끝으로 이 책의 발행을 위해 많이 수고해 주신 도서출판 경문사 여러분께 심심한 감사를 드린다.

지은이

Contents _

차례

제4장 함수

제5장 명제

제6장 부울 대수

제7장 그래프

제8장 트리

제9장 대수적 기초

제10장 암호체계

제11장 순열과 조합

Chapter _ 1

집합

1.1 집합

집합은 수학의 모든 분야와 자연과학, 공학, 사회과학의 이론의 기초이고 명확하게 정의되는 사물의 모임을 의미한다.

1. 집합

집합(set)은 명확하게 정의되는 사물의 모임이고, 집합에 속한 사물을 그 집합의 원소(element)라 하고 다음과 같이 표시한다.

집합 : 알파벳의 대문자$(X,\ Y,\ Z,\ \cdots)$

원소 : 알파벳의 소문자$(a,\ b,\ c,\ \cdots)$

주어진 집합에 속하는 원소를 나타내는 방법에는 원소나열법과 조건제시법이 있다.

정의

집합의 원소를 나열하여 집합을 나타내는 방법을 원소나열법이라 한다.

예제 1 집합 X가 알파벳 a, b, c로 이루어졌을 때 집합 X를 원소나열법으로 나타내시오.

풀이 $$X=\{a,\ b,\ c\}$$ ❑

정의

집합의 원소가 만족하는 성질에 의하여 집합을 나타내는 방법을 조건제시법이라 한다.

예제 2 집합 B가 짝수로 이루어졌을 때 집합 B를 조건제시법으로 나타내시오.

$$B=\{x : x\text{는 짝수}\}$$

예제 3 집합 B를 원소나열법으로 나타내시오.

$$B=\{\cdots,\ -2,\ 0,\ 2,\ 4,\ \cdots\}$$

정의

원소 x가 집합 A에 속할 때 $x \in A$로 나타내고, 원소 x가 집합 A에 속하지 않을 때 $x \not\in A$로 나타낸다.

정의

집합 A에 속하는 모든 원소가 집합 B에 속하고 또 집합 B에 속하는 모든 원소가 집합 A에 속할 때 두 집합 A와 B는 같다라고 한다.

예제 4 $A=\{x|x^2-3x+2=0\}$이고 $B=\{1,\ 2,\ 2,\ 1\}$일 때 집합 A와 B는 같다.

풀이 A의 원소 1, 2는 모두 B의 원소이고 B의 원소 1, 2, 2, 1 역시 A의 원소이므로 두 집합 A와 B는 같다. ❑

정의

집합 A에 속하는 모든 원소가 집합 B에 속할 때 $A \subseteq B$로 표시한다. 이 때 A는 B의 부분집합(subset)이라 하고 B는 A의 초월집합(superset)이라 한다.

$B = \{a,\ b,\ c\}$, $A = \{a,\ c\}$일 때 $A \subseteq B$임을 알 수 있고, 다음과 같이 나타낼 수 있다.

$$A = \{(a,1),(b,0),(c,1)\} \ \text{또는}$$
$$f_A : \{a,b,c\} \to \{0,1\} \ \text{단,}\ f\{A\}(a) = 1,\ f\{A\}(b) = 0,\ f\{A\}(c) = 1$$

정의

원소를 가지고 있지 않은 집합을 공집합(empty set)이라 정의하고, { }또는 $\varnothing$으로 나타낸다. 또는 다음과 같이 정의한다.

$$\varnothing = \{x \mid x \neq x\}$$

특히 공집합은 모든 집합의 부분집합임을 알 수 있다.

정의

$A \subseteq B$이고 A에 속하지 않는 B의 원소가 적어도 하나 존재할 때 A는 B의 진부분집합(proper subset)이라 하고 $A \subset B$로 표시한다.

예제 5 $A = \{1,\ 2,\ 3\}$, $B = \{1,\ 2\}$, $\mathrm{C} = \{1\}$일 때 포함관계를 구하시오.

$$B \subset A,\ \ C \subset B \ \ \text{그리고}\ \ C \subset A$$

집합의 상등에 대한 또 다른 정의는 다음과 같다.

$$A = B \quad \Leftrightarrow \quad A \subseteq B \ \text{그리고}\ B \subseteq A.$$

모든 집합의 초월집합을 전체집합(universal set)이라 하고 집합 U로 나타낸다.

정의

집합 A의 모든 부분집합의 집합을 A의 멱집합(power set)이라 하고 $P(A)$로 나타낸다. 특히 $X \subseteq A \quad \Leftrightarrow \quad X \in P(A)$임을 알 수 있다.

예제 6 $A=\{a,\ b,\ c\}$ 일 때 A의 멱집합을 구하시오.

$$P(A)=\{\varnothing,\{a\},\{b\},\{c\},\{a,b\},\{b,c\},\{a,c\},\{a,b,c\}\}$$

정의

집합 A의 원소의 개수를 $|A|$으로 나타내고, 원소의 개수가 1인 집합을 단원소 집합(singleton set)이라 한다.

특히 공집합의 원소의 개수는 0임을 알 수 있다.

정의

자신의 임의의 진부분집합과 일대일 대응 관계가 존재하는 집합을 무한집합이라 하고, 그렇지 않으면 유한집합이라 한다.

예제 7 집합 $A=\{a\}$는 부분집합으로 $\{a\}$, $\varnothing$를 갖는다. 그리고 $A=\{a\}$의 진부분집합은 오직 $\varnothing$뿐이다. 그러나 $A=\{a\}$와 $\varnothing$ 사이에 일대일 대응 관계가 존재하지 않으므로 집합 $A=\{a\}$는 유한집합이다.

예제 8 양의 짝수의 집합은 자연수 전체의 집합의 진부분집합이고, 자연수 전체의 집합과 양의 짝수의 집합 사이에 일대일 대응 관계가 존재함으로 자연수 전체의 집합은 무한집합이다.

예제 9 폐구간 $[0,\frac{1}{2}]$는 폐구간 $[0,1]$의 진부분집합이고, 폐구간 $[0,\frac{1}{2}]$과 폐구간 $[0,1]$ 사이에 일대일 대응 관계가 존재함으로 폐구간 $[0,1]$은 무한집합이다.

정리 1

$|A|=n$인 경우, $P(A)$의 원소의 개수는 2^n개다.

증명 $|P(A)|=2^{|A|}$임을 알 수 있고, 수학적 귀납법 또는 일대일 대응함수를 이용하여 증명할 수 있다.

원소 a가 집합 A에 속할 때, 즉 $a \in A$는 다음과 같이 정의역이 단원소 집합인 함수의 형태로 나타낼 수 있다.

$$a : \{*\} \to A$$ ❑

2. 집합의 연산

다음은 집합의 연산에 대해서 알아보자.

정의

A와 B의 합집합 $A \cup B$는 다음과 같이 정의한다.

$$A \cup B = \{x : x \in A \text{ 또는 } x \in B\}$$

두 수의 최소공배수(least common multiple)는 두 수의 공배수 중에서 최소인 공배수를 의미한다. 그러면 두 집합의 합집합은 두 집합의 공통초월집합 중에서 최소인 공통초월집합, 즉 최소공초월집합(least common superset)을 의미한다.

정리 1

집합 A, B, C에 대해서 다음이 성립한다.

(a) $A \cup B = B \cup A$

(b) $A \cup A = A$

(c) $(A \cup B) \cup C = A \cup (B \cup C)$

(d) $A \subseteq A \cup B$

(e) $B \subseteq A \cup B$

n개의 집합 $A_1, A_2, \cdots, A_n$의 합집합은 다음과 같이 나타낸다.

$$A_1 \bigcup A_2 \bigcup \cdots \bigcup A_n \equiv \bigcup_{i=1}^{n} A_i$$

무한개의 집합 $A_1, A_2, \cdots, A_n, \cdots$의 합집합은 다음과 같이 나타낸다.

$$A_1 \bigcup A_2 \bigcup \cdots \bigcup A_n \bigcup \cdots \equiv \bigcup_{i=1}^{\infty} A_i$$

정의

A와 B의 교집합 $A \cap B$는 다음과 같이 정의한다.

$$A \cap B = \{x : x \in A \quad \text{그리고} \quad x \in B\}$$

두 수의 최대공약수(greatest common divisor)는 두 수의 공약수 중에서 최대인 공약수를 의미한다. 그 결과 다음과 같다.

두 집합의 교집합은 두 집합의 공통부분집합 중에서 최대인 공통부분집합, 즉 최대공부분집합(greatest common subset)을 의미한다.

정리 2

집합 A, B, C에 대해서 다음이 성립한다.

(a) $A \cap B = B \cap A$

(b) $A \cap A = A$

(c) $(A \cap B) \cap C = A \cap (B \cap C)$

(d) $A \cap B \subseteq A$

(e) $A \cap B \subseteq B$

n개의 집합 $A_1, A_2, \cdots, A_n$의 교집합은 다음과 같이 나타낸다.

$$A_1 \bigcap A_2 \bigcap \cdots \bigcap A_n \equiv \bigcap_{i=1}^{n} A_i$$

무한개의 집합 $A_1, A_2, \cdots, A_n, \cdots$의 교집합은 다음과 같이 나타낸다.

$$A_1 \bigcap A_2 \bigcap \cdots \bigcap A_n \bigcap \cdots \equiv \bigcap_{i=1}^{\infty} A_i$$

배분법칙(distributive law)은 다음과 같다.

(a) $A \cap (B \cup C) = (A \cap B) \cup (A \cap C)$

(b) $A \cup (B \cap C) = (A \cup B) \cap (A \cup C)$

정의

A의 여집합 A^c 또는 $\overline{A}$는 다음과 같이 정의한다.

$$A^c = \{x : x \notin A\}$$

정리 3

집합 A, B에 대해서 다음이 성립한다.

$$A \cup A^c = U, \text{ 단 } U\text{는 전체집합.}$$

$$A \subseteq B \implies B^c \subseteq A^c$$

정의

A, B의 차집합 $A - B$는 다음과 같이 정의한다.

$$A - B = \{x : x \in A \quad \text{그리고 } x \notin B\}$$

$A - B$는 $A \cap B^c$로도 나타낼 수 있다.

정리 4

집합 A, $\varnothing$, U에 대해서 다음이 성립한다.

(a) $A \cap A^C = \varnothing$

(b) $A \cup A^c = U$

(c) $A \cup \varnothing = A$

(d) $A \cap \varnothing = \varnothing$

예제 1 $U=\{a, b, c, d, e\}$, $A=\{a, c, e\}$, $B=\{a, b, c\}$일 때 다음을 구하시오.

(a) $A\cup B$ (b) $A\cap B$

(c) A^c (d) B^c

(e) $A-B$ (f) $B-A$

풀이 (a) $A\cup B=\{a, b, c, e\}$

(b) $A\cap B=\{a, c\}$

(c) $A^c=\{b, d\}$

(d) $B^c=\{d, e\}$

(e) $A-B=\{e\}$

(f) $B-A=\{b\}$ ❑

정의

A, B의 곱집합 $A\times B$는 다음과 같이 정의하고 데카르트 곱이라 한다.

$$A\times B=\{(a,b)|a\in A,\ b\in B\}$$

예제 2 $A=\{1, 2, 3\}$, $B=\{a, b\}$인 경우 $A\times B$, $B\times B$, $A\times\varnothing$를 구하시오.

풀이 (a) $A\times B=\{(1, a), (1, b), (2, a), (2, b), (3, a), (3, b)\}$

(b) $B\times B=\{(a, a), (a, b), (b, a), (b, b)\}$

(c) $A\times\varnothing=\varnothing$ ❑

데카르트 곱의 특성

1. $A\neq B$이면 $A\times B\neq B\times A$
2. $A\times A=A^2$
3. $|A\times B|=|A|\cdot|B|$

정의

두 집합 A, B에 대해서 B^A는 다음과 같이 정의한다.

$$B^A=\{f\mid f: A\to B\}$$

컴퓨터에서 집합의 표현

$X=\{1,2,3,4,5,6,7,8\}$, $A=\{2,3,4,5\}$, $B=\{2,4,6,8\}$인 경우

다음과 같이 8비트로 집합을 표현할 수 있다.

X :	1	1	1	1	1	1	1	1
A :	0	1	1	1	1	0	0	0
B :	0	1	0	1	0	1	0	1

예제 3 위의 집합에 대해서 $A\cup B$, $A\cap B$, A^C을 구하시오.

$A\cup B$:	0	1	1	1	1	1	0	1
$A\cap B$:	0	1	0	1	0	0	0	0
A^C :	1	0	0	0	0	1	1	1

$A\cup B=\{2,3,4,5,6,8\}$, $A\cap B=\{2,4\}$, $A^C=\{1,6,7,8\}$임을 알 수 있다.

정의

집합 $A\neq\varnothing$의 분할(partition)은 다음과 같이 정의한다.

1. $\cup A_i=A,\ A_i\neq\varnothing$
2. $A_i\cap A_j=\varnothing,\ \forall i\neq j$

예제 4 정수 전체의 집합 Z은 양의 정수의 집합 P, $\{0\}$ 그리고 음의 정수의 집합 N으로 분할된다.

1. $P\cup\{0\}\cup N=Z$
2. $P\cap\{0\}=P\cap N=\{0\}\cap N=\varnothing$

예제 5 $A = \{x, y, z\}$는 다음과 같이 분할될 수 있다.

경우 1 $A_1 = \{x\}, A_2 = \{y\},\ A_3 = \{z\}$

경우 2 $A_1 = \{x, y\}, A_2 = \{z\}$

경우 3 $A_1 = \{x, z\}, A_2 = \{y\}$

경우 4 $A_1 = \{x\}, A_2 = \{y, z\}$

경우 5 $A_1 = \{x, y, z\}$

1.2 퍼지 집합

집합은 명확하게 정의되는 사물의 모임이다. 그러나 실제로 많은 것은 명확하게 정의되지 않는다. 특히 우리말은 다양하게 표현할 수 있으므로 더욱 그렇다.

명확하지 않음을 퍼지 집합을 이용하여 나타내 본다.

1. 퍼지 집합

전체 집합 U의 임의의 부분집합 A에 대해서 $x \in U$는 $x \in A$ 또는 $x \notin A$임을 알 수 있다.

이 결과 우리는 부분집합 A에 대해서 다음의 함수가 존재함을 알 수 있다.

$$f_A : U \rightarrow \{0, 1\}$$

$$\text{단, } f_A(x) = 1 \quad \text{만약} \quad x \in A$$

$$f_A(x) = 0 \quad \text{만약} \quad x \notin A$$

퍼지 집합 A는 전체 집합 U의 임의의 각 원소가 A에 소속하는 정도를 $[0, 1]$의 값으로 나타내는 다음과 같은 함수를 의미한다.

$$f_A : U \rightarrow [0, 1]$$

정의

전체 집합 U의 임의의 부분집합 A에 대해서 함수 $f_A : U \to [0, 1]$가 존재하는 경우 A를 U에서의 퍼지(Fuzzy) 집합이라 하고 함수 $f_A : U \to [0, 1]$를 퍼지 집합 A의 소속정도 함수라 한다.

임의의 집합은 퍼지 집합임을 알 수 있다. 즉 퍼지 집합은 집합의 일반화이다.

예제 1 전체 집합 $U = \{a, b, c, d, e\}$라 하고, 퍼지 집합 A를 내가 좋아하는 알파벳으로 정의하자. 좋아하는 정도는 다음과 같다.

$$f_A(a) = 0.8,\ f_A(b) = 0.2,\ f_A(c) = 1,\ f_A(d) = 0.5,\ f_A(e) = 0.7$$

퍼지 집합 A는 다음과 같이 나타낼 수 있다.

$$A = \{(a,\ 0.8),\ (b,\ 0.2),\ (c,\ 1),\ (d,\ 0.5),\ (e,\ 0.7)\}$$

정의

전체 집합 U에서 정의된 두 퍼지 집합 A, B에 대해서 $f_A(x) = f_B(x)\ \ \forall x \in U$이 성립되는 경우 $A = B$로 정의한다.

예제 2 $A = \{(a, 0.8), (b, 0.2),\ (c, 1),\ (d, 0.5),\ (e, 0.7)\}$

$B = \left\{(a, 0.8),\ (b, \frac{1}{5}),\ (c, 1),\ (d, \frac{1}{2}),\ (e, 0.7)\right\}$인 경우 다음을 알 수 있다.

$$A = B$$

❑

정의

전체 집합 U에서 정의된 두 퍼지 집합 A, B에 대해서 $f_A(x) \leqq f_B(x)\ \ \forall x \in U$이 성립되는 경우 $A \subseteq B$로 정의한다.

예제 3 $A=\{(a,\ 0.8),\ (b,\ 0.2),\ (c,\ 1),\ (d,\ 0.5),\ (e,\ 0.7)\}$
$B=\{(a,\ 0.8),\ (b,\ 0.5),\ (c,\ 1),\ (d,\ 0.8),\ (e,\ 0.7)\}$인 경우 다음을 알 수 있다.

$$A \subseteq B$$

예제 4 전체 집합 U에서 정의된 두 퍼지 집합 A, B에 대해서 $f_A(x)=f_B^2(x)\quad \forall x \in U$이 성립되는 경우 $0 \le f_B(x) \le 1$이므로 다음을 알 수 있다.

$$A \subseteq B$$

2. 퍼지 집합의 연산

퍼지 집합에서의 연산은 경우에 따라 다르게 정의된다. 우리는 표준 퍼지연산에 대해서 공부한다.

정의

전체 집합 U에서 정의된 두 퍼지 집합 A, B에 대해서 $A \cup B$는 다음과 같다.

$$f_{A \cup B}(x)=\max\{f_A(x),\ f_B(x)\},\quad \forall x \in U$$

예제 1 $A=\{(a, 0.9),\ (b,\ 0.2),\ (c,\ 1),\ (d,\ 0.5),\ (e,\ 0.8)\}$,
$B=\{(a,\ 0.8),\ (b,\ 0.5),\ (c,\ 1),\ (d,\ 0.8),\ (e,\ 0.7)\}$인 경우
$A \cup B=\{(a,\ 0.9),\ (b,\ 0.5),\ (c,\ 1),\ (d,\ 0.8),\ (e,\ 0.8)\}$임을 알 수 있다.

정의

전체 집합 U에서 정의된 두 퍼지 집합 A, B에 대해서 $A \cap B$는 다음과 같다.

$$f_{A \cap B}(x)=\min\{f_A(x),\ f_B(x)\},\quad \forall x \in U$$

예제 2 $A=\{(a,\ 0.9),\ (b,\ 0.2),\ (c,\ 1),\ (d,\ 0.5),\ (e,\ 0.8)\}$,
$B=\{(a,\ 0.8),\ (b,\ 0.5),\ (c,\ 1),\ (d, 0.8),\ (e,\ 0.7)\}$인 경우
$A \cap B=\{(a,\ 0.8),\ (b\ ,0.2),\ (c,\ 1),\ (d,\ 0.5),\ (e,0.7)\}$임을 알 수 있다.

정리 1

전체 집합 U에서 정의된 두 퍼지 집합 A, B에 대해서 다음이 성립한다.

(a) $A \cap B \subseteq A, \quad A \cap B \subseteq B$

(b) $A \subseteq A \cup B, \quad B \subseteq A \cup B$

(c) $A \subseteq B \Rightarrow A \cup B = B, \ A \cap B = A$

정의

전체 집합 U에서 정의된 퍼지 집합 A에 대해서 A^c는 다음과 같다.

$$f_{A^c}(x) = 1 - f_A(x), \quad \forall x \in U$$

예제 3 $A = \{(a,0.9), (b,0.2), (c,1), (d,0.5), (e,0.8)\}$,
$B = \{(a,0.8), (b,0.5), (c,1), (d,0.8), (e,0.7)\}$인 경우 다음을 알 수 있다.

$$A^c = \{(a,0.1), (b,0.8), (c,0), (d,0.5), (e,0.2)\}$$

$$B^c = \{(a,0.2), (b,0.5), (c,0), (d,0.2), (e,0.3)\}$$

정의

전체 집합 U에서 정의된 두 퍼지 집합 A, B에 대해서 $A-B$는 다음과 같다.

$$f_{A-B}(x) = \min\{f_A(x), \ 1 - f_B(x)\}, \quad \forall x \in U$$

예제 4 $A = \{(a,0.9), (b,0.2), (c,1), (d,0.5), (e,0.8)\}$,
$B = \{(a,0.8), (b,0.5), (c,1), (d,0.8), (e,0.7)\}$인 경우 다음을 알 수 있다.

$$A - B = \{(a,0.2), (b,0.2), (c,0), (d,0.2), (e,0.3)\}$$

정의

전체 집합 U는 $f_U(x) = 1, \ \forall x \in U$ 그리고 공집합 $\varnothing$는 $f_\varnothing(x) = 0, \ \forall x \in U$을 만족하는 퍼지 집합이다.

정리 2

퍼지 집합 U와 $\varnothing$ 에 대해서 $U^c = \varnothing$, $\varnothing^c = U$가 성립한다.

정리 3

전체 집합 U에서 정의된 두 퍼지 집합 A, B 에 대해서 다음이 성립한다.

(a) $A \cup U = U$, $A \cap U = A$

(b) $A \cup \varnothing = A$, $A \cap \varnothing = \varnothing$

예제 5 전체 집합 U에서 정의된 퍼지 집합 A에 대해서 다음과 같다.

$$A \cap A^c \neq \varnothing, \quad A \cup A^c \neq U$$

$A = \{(a, 0.9), (b, 0.2), (c, 1), (d, 0.5), (e, 0.8)\}$인 경우 A^c는 다음과 같다.

$A^c = \{(a, 0.1), (b, 0.8), (c, 0), (d, 0.5), (e, 0.2)\}$

$A \cap A^c = \{(a, 0.1), (b, 0.2), (c, 0), (d, 0.5), (e, 0.2)\}$이고

$\varnothing = \{(a, 0), (b, 0), (c, 0), (d, 0), (e, 0)\}$이므로 다음과 같다.

$$A \cap A^c \neq \varnothing$$

$A \cup A^c = \{(a, 0.9), (b, 0.8), (c, 1), (d, 0.5), (e, 0.8)\}$이고

$U = \{(a, 1), (b, 1), (c, 1), (d, 1), (e, 1)\}$이므로 다음과 같다.

$$A \cup A^c \neq U$$

1.3 실수의 집합

우리가 공부하는 내용이 실수를 바탕으로 전개되기 때문에 실수의 성질을 이해하는 것은 매우 중요하다.

1. 자연수(natural number)의 집합

$1, 2, 3, 4, 5, \cdots$ 를 말하며, 자연적으로 생겨난 "수"의 집합이다. 또는 양의 정수(positive integer)의 집합이라고도 한다.

임의의 두 자연수 a와 b에 대해서 다음이 성립한다.

(a) 합(sum) $a+b$는 자연수의 집합의 원소이다.

(b) 곱(product) $a \cdot b$는 자연수의 집합의 원소이다.

이러한 사실을 자연수의 집합은 덧셈(addition)과 곱셈(multiplication)에 대해서 닫혀있다(closed)고 말한다.

자연수의 집합을 다음과 같이 나타낸다.

$$\mathrm{N} = \{1, 2, 3, \cdots\}$$

정의

임의의 $n \in M$에 대해서 $m \in M$ 그리고 $m \le n$ 이면 m은 집합 M의 최소원(least element)이라 한다.

정리 1

M을 공집합이 아닌 자연수의 부분집합이라 하면 M은 최소원을 갖는다.

예제 1 $M = \{2, 4, 6, 8, 10\}$인 경우, M은 공집합이 아니고 자연수의 부분집합이므로 최소원 2를 갖는다.

정리 2

자연수 $n \in N$에 대한 명제 $P(n)$에 대해서 다음을 만족한다.

(a) $P(1)$은 참이다.

(b) $k \in N$에 대해서 $P(k)$이 참을 가정하면 $P(k+1)$도 참이다.

그러면 모든 자연수 $n \in N$에 대해서 명제 $P(n)$은 참이다.

앞의 **정리 1** "$|A| = n$인 경우, $P(A)$의 원소의 개수는 2^n개이다"를 수학적 귀납법을 이용하여 증명하여 보자.

증명 $|P(A)| = 2^{|A|}$임을 알 수 있고 수학적 귀납법에 의해서 $n = 1$인 경우 $A = \{a\}$이고 $P(A) = \{\varnothing, \{a\}\}$에서 $|P(A)| = 2$이고 $|A| = 1$에서 $2^{|A|} = 2^1 = 2$ 임을 알 수 있다.

$n = r$인 경우 $A = \{a_1, a_2, \cdots, a_r\}$이고 $|P(A)| = 2^r$ 임을 가정하자.

$n = r+1$인 경우 $|P(A)| = 2^{r+1}$임을 증명하자.

$b \in A$, $B = A - \{b\}$라고 놓으면 $|B| = r$이고 $|P(B)| = 2^r$ 임을 알 수 있다.

$A = B \cup \{b\}$이고 $|P(A)| = 2^r + 2^r$에서 $|P(A)| = 2^{r+1}$임을 알 수 있다. ❑

정의

유한집합 또는 자연수의 집합과 일대일 대응 관계가 존재하는 집합을 가산집합(countable set)이라 하고, 그렇지 않으면 비가산집합(uncountable set)이라 한다.

예제 2 폐구간 $[0, 1]$은 비가산집합이다.

2. 정수(integer)의 집합

$-1, -2, -3, -4, -5, \cdots$를 음의 정수(negative integer)라 말하며, 임의의 자연수 a와 b에 대하여 방정식 $x + b = a$의 해를 위해서 생겨난 "수"의 집합이다.

또한 이것은 덧셈의 역인 뺄셈을 가능하게 하고 $x = a - b$로 나타낸다. 양의 정수(자연수)의 집합, 음의 정수의 집합과 0을 정수(integer)의 집합이라 한다. 정수의 집합을 다음과 같이 나타낸다.

$$\mathbb{Z} = \{\cdots, -2, -1, 0, 1, 2, \cdots\}$$

또한 다음을 알 수 있다.

(a) $2\mathbb{Z} = \{\cdots, -4, -2, 0, 2, 4, \cdots\}$

(b) $\mathbb{Z}/2\mathbb{Z} = \{0, 1\} = \mathbb{Z}_2$

예제 1 정수의 집합 Z는 최소원을 갖지 않는다.

예제 2 정수의 집합 Z는 가산집합이다.

자연수 1을 정수 0에 대응하고 자연수 중에서 짝수 x를 정수 $\frac{x}{2}$에 대응하고 자연수 중에서 홀수 y를 정수 $-\left(\frac{y-1}{2}\right)$에 대응하면 자연수의 집합과 정수의 집합 사이에 일대일 대응 관계가 존재한다.

정의

고정된 양의 정수 m과 두 정수 a, b에 대해서 다음을 만족하는 경우 $a \equiv b \pmod{m}$으로 나타내고, 법 m에 대해서 a와 b는 합동(modulo)이라 한다.

$$a - b = mk$$

즉, 두 정수 a와 b의 차가 m의 배수이다.

예제 3 $16 - 6 = 10 = 5 \cdot 2$이므로 $16 \equiv 6 \pmod{5}$임을 알 수 있다.

$7 - (-2) = 9 = 3 \cdot 3$이므로 $7 \equiv -2 \pmod{3}$임을 알 수 있다.

ISBN(International Standard Book Number)는 책의 뒤편에 기록된 책의 고유번호 $a_1a_2a_3a_4a_5a_6a_7a_8a_9a_{10}$를 의미한다.

ISBN $a_1a_2a_3a_4a_5a_6a_7a_8a_9a_{10}$는 다음을 만족한다.

$$\sum_{i=1}^{10} ia_i = 0 \pmod{11}$$

그러므로 $\sum_{i=1}^{10} ia_i = \sum_{i=1}^{9} ia_i + 10a_{10}$에서 $a_{10} = \sum_{i=1}^{9} ia_i$임을 알 수 있다.

특히 $a_{10} = 10$ 인 경우 $a_{10} = X$로 나타낸다.

예제 4 다음이 ISBN임을 설명하시오.

$$89 - 08 - 02043 - 8$$

바코드(Bar Code)는 13자리 숫자 $a_1a_2a_3a_4a_5a_6a_7a_8a_9a_{10}a_{11}a_{12}a_{13}$로 구성된 표준형이 주로 사용되고 있다.

바코드 $a_1a_2a_3a_4a_5a_6a_7a_8a_9a_{10}a_{11}a_{12}a_{13}$는 다음을 만족한다.

$$(a_1 + a_3 + a_5 + a_7 + a_9 + a_{11} + a_{13}) + 3(a_2 + a_4 + a_6 + a_8 + a_{10} + a_{12}) = 0 \pmod{10}$$

예제 5 다음이 바코드임을 설명하시오.

$$978 - 89 - 547 - 1432 - 7$$

$Z_{26} = \{0, 1, 2, \cdots, 24, 25\}$의 각 원소에 알파벳을 대응하면 다음과 같다.

A	B	C	D	E	F	G	H	I	J	K	L	M
00	01	02	03	04	05	06	07	08	09	10	11	12

N	O	P	Q	R	S	T	U	V	W	X	Y	Z
13	14	15	16	17	18	19	20	21	22	23	24	25

예제 6 평문 BUS, 암호화함수 $f(x)=x+10$인 경우 암호문을 구하시오.

풀이 평문 BUS는 012018로 나타낼 수 있고 암호화함수 $f(x)=x+10$인 경우 012018은 113028, 즉 110402로 변환하여 LEC의 암호문을 얻을 수 있다. ❑

예제 7 암호화함수 $f(x)=x+10$인 경우 복호화함수를 구하시오.

풀이 복호화함수는 다음과 같다. $f^{-1}(x)=x+16$
110402는 272018, 즉 012018로 변환되어 평문 BUS를 구할 수 있다. ❑

3. 유리수(rational number)의 집합

임의의 정수 p와 q에 대해서, $\dfrac{q}{p}$(단, $p \neq 0$) 형태로 나타나는 모든 수의 집합을 말하며, 방정식 $px=q$의 해를 위한 수의 집합이다.

또한 이것은 곱셈의 역인 나눗셈을 가능하게 하고 $x=\dfrac{q}{p}$로 나타낸다. 유리수의 집합은 다음과 같이 나타낸다.

$$\mathbb{Q}=\left\{\frac{q}{p}\middle|\, p,\ q\text{는 정수},\ p\neq 0\right\}$$

정리 1

$r^2=2$인 유리수 r은 존재하지 않는다.

증명 $r^2=2$인 유리수 r이 존재한다고 가정하자. 단 $r=\dfrac{q}{p}$, p와 q는 서로소.
$r^2=2$에서 $p^2=2q^2$이고 p^2은 짝수이고 p역시 짝수이다.
$p=2t$로 놓으면 $p^2=2q^2$에서 $q^2=2t^2$을 얻는다.
그 결과 q^2은 짝수이고 q역시 짝수이다. 이는 p와 q는 서로소라는 가정에 모순이므로 $r^2=2$인 유리수 r은 존재하지 않는다. ❑

4. 무리수(irrational number)의 집합

$\sqrt{5}$ 와 π와 같이 두 정수 p와 q에 대해서 $\frac{q}{p}$(단, $p \neq 0$) 형태로 나타낼 수 없는 수의 집합을 말한다.

이제까지 소개한 집합들의 관계에 대해서 알아보자.

$\mathbb{N}$은 자연수 전체의 집합, $\mathbb{Z}$는 정수 전체의 집합, $\mathbb{Q}$는 유리수 전체의 집합, $\mathbb{R}$은 실수 전체의 집합을 표시한다. 그 결과 다음을 알 수 있다.

$$\mathbb{N} \subset \mathbb{Z} \subset \mathbb{Q} \subset \mathbb{R}$$

5. 실수의 집합

유리수의 집합과 무리수의 집합을 합해서 실수(real number)의 집합이라고 한다. 또한 양의 실수의 집합을 양수의 집합, 음의 실수의 집합을 음수의 집합이라고 한다.

먼저 실수의 대수적 공리에 대해서 알아보자

주어진 세 개의 실수 $a, b, c \in R$와 두 개의 연산 $+$, $\cdot$ 대해서 다음을 만족한다.

(1) $a+b \in R$, 덧셈에 대해서 닫혀있다.

(2) $a \cdot b \in R$, 곱셈에 대해서 닫혀있다.

(3) $a+b=b+a$, 덧셈의 교환법칙(commutative law)

(4) $a+(b+c)=(a+b)+c$, 덧셈의 결합법칙(associative law)

(5) $a \cdot b=b \cdot a$, 곱셈의 교환법칙

(6) $a \cdot (b \cdot c)=(a \cdot b) \cdot c$, 곱셈의 결합법칙

(7) $a \cdot (b+c)=a \cdot b+a \cdot c$, 배분법칙(distributive law)

(8) $a+0=a=0+a$를 만족하는 0이 존재한다.

즉, 덧셈의 항등원(identity)이 존재한다.

(9) $a \cdot 1=a=1 \cdot a$를 만족하는 1이 존재한다.

즉, 곱셈의 항등원이 존재한다.

(10) $x+a=0=a+x$를 만족하는 $x=-a$가 존재한다.

즉, 덧셈의 역원(inverse)이 존재한다.

(11) $x \cdot a = 1 = a \cdot x$를 만족하는 $x = a^{-1} = \dfrac{1}{a}$이 존재한다.

즉, 곱셈의 역원이 존재한다.

다음은 실수의 순서공리에 대해서 알아보자.
양의 실수의 집합 P는 다음 성질을 만족한다.

(1) $a, b \in P \;\Rightarrow\; a + b \in P$
(2) $a, b \in P \;\Rightarrow\; a \cdot b \in P$
(3) $a \in P \;\Rightarrow\; -a \notin P$
(4) $a \in R$인 경우 다음 중 하나가 성립한다.

$$a \in P \text{ 또는 } a = 0 \text{ 또는 } -a \in P$$

정의

$a,\ b \in R$이고 $a - b \in P$이면 $a > b$로 나타내고 $a - b \in P \cup \{0\}$이면 $a \geq b$로 나타낸다.

정리 1

$a,\ b,\ c \in R$에 대해서 다음이 성립한다.
(1) $a > b$ 그리고 $b > c$이면 $a > c$이다.
(2) 그리고 $b \geq a$이면 $a = b$이다.
(3) $1 > 0$
(4) $a > b$이면 $a + c > b + c$이다.
(5) $a > b$이고 $c < 0$이면 $a \cdot c < b \cdot c$이다.
(6) $a > b$이면 $-a < -b$이다.
(7) $a > b > 0$이면 $\dfrac{1}{b} > \dfrac{1}{a} > 0$이다.

또한 $a< b$ 이고 $b< c$인 경우 $a< b< c$로 나타낸다. 특히 $a< x< b$는 a와 b 사이의 모든 수로써 개구간(open interval)이라 하며 $(a,\, b)$로 표시한다. 반면에 $a \leq x \leq b$는 개구간 $(a,\, b)$에 양 끝점 a와 b를 포함한 모든 수로써 폐구간(closed interval)이라 하며 $[a,\, b]$로 나타낸다.

집합기호	구간기호	그래프
$\{x\|a< x< b\}$	$(a,\, b)$	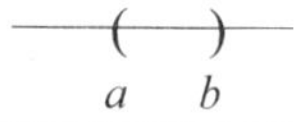
$\{x\|a \leq x< b\}$	$[a,\, b)$	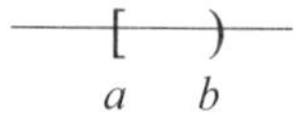
$\{x\|a< x \leq b\}$	$(a,\, b]$	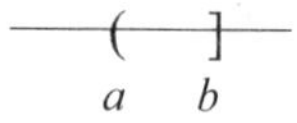
$\{x\|a \leq x \leq b\}$	$[a,\, b]$	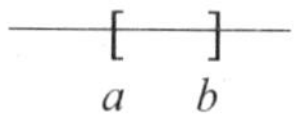
$\{x\|x< b\}$	$(-\infty,\, b)$	
$\{x\|x \leq b\}$	$(-\infty,\, b]$	
$\{x\|x> a\}$	$(a,\, \infty)$	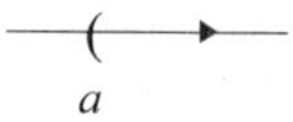
$\{x\|x \geq a\}$	$[a,\, \infty)$	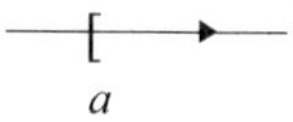
$\mathbb{R}$	$(-\infty,\, \infty)$	

6. 절대값

실수 a의 절대값은 $|a|$로 표시하고 다음과 같이 정의한다.

$$|a|=\begin{cases} a, & a \geq 0 \\ -a, & a< 0 \end{cases}$$

정리 1

$a, b \in R$에 대해서 다음이 성립한다.

(1) $|-a| = |a|$

(2) $|a| \cdot |b| = |ab|$

(3) $|x| < a \Leftrightarrow -a < x < a, \quad \forall a > 0$

(4) $-|x| \le x \le |x|$

(5) $\dfrac{|a|}{|b|} = \left|\dfrac{a}{b}\right|$, 단 $b \ne 0$

(6) $|a+b| \le |a| + |b|$

(7) $|a| - |b| \le |a-b|$

예제 1 $|x-4| < 1$의 해를 구하시오.

풀이 부등식의 성질에 의해서 다음과 같다.

$$-1 < x-4 < 1$$

각 항에 4을 더하면 $3 < x < 5$인 해를 구할 수 있다. ❑

예제 2 $|x-c| < \delta$의 해를 구하시오.

풀이 부등식의 성질에 의해서 다음과 같다.

$$-\delta < x-c < \delta$$

각 항에 c을 더하면 $c-\delta < x < c+\delta$인 해를 구할 수 있다. ❑

예제 3 $0 < |x-c| < \delta$의 해를 구하시오.

풀이 부등식의 성질에 의해서 다음과 같다.

$$-\delta < x-c < \delta \text{ 그리고 } x \ne c$$

각 항에 c을 더하면 $c-\delta < x < c+\delta$ 그리고 $x \ne c$인 해를 구할 수 있다. ❑

예제 4 $|4x+1| \ge 3$의 해를 구하시오.

풀이 부등식의 성질에 의해서 다음과 같다.

$$4x+1 \geq 3 \text{ 또는 } 4x+1 \leq -3$$

양변에 1을 빼면 다음이 성립한다.

$$4x \geq 2 \text{ 또는 } 4x \leq -4$$

양변을 4로 나누면 다음과 같은 해를 구할 수 있다.

$$x \geq \frac{1}{2} \text{ 또는 } x \leq -1$$

❑

연습문제

1.1 집합

※ 다음을 증명하시오.

01. $A \cup A = A \cap A = A$

02. $A \cap (B \cup C) = (A \cap B) \cup (A \cap C)$

03. $(A^c)^c = A$

04. $A \cup (B \cap C) = (A \cup B) \cap (A \cup C)$

05. $(A \cap B) \cup (A \cap B^c) = A$

06. $A \cap (B - C) = (A \cap B) - C$

07. $A \cap (B - C) = (A - C) \cup (B - C)$

08. $A - (B \cup C) = (A - B) \cap (A - C)$

09. $A - (B \cap C) = (A - B) \cup (A - C)$

※ $U = \{1, 2, 3, 4, 5\}$, $A = \{2, 3, 4\}$, $B = \{3, 4, 5\}$일 때 다음을 구하시오.

10. $A \cup B$

11. $A \cap B$

12. B^c

13. A^c

14. $B - A$

15. $A - B$

16. $A^c \cap B$

17. $A^c \cap B^c$

18. $B^c - A^c$

19. $(A \cap B)^c$

20. $(A \cup B)^c$

1.2 퍼지 집합

$A = \{(a, 0.6), (b, 0.2), (c, 1), (d, 0.9), (e, 0.8)\}$,

$B = \{(a, 0.8), (b, 0.5), (c, 0.3), (d, 0.8), (e, 0.7)\}$일 때 다음을 구하시오.

01. $A \cup B$

02. $A \cap B$

03. B^c

04. A^c

05. $B - A$

06. $A - B$

07. $A^c \cap B$

08. $A^c \cap B^c$

09. $B^c - A^c$

10. $(A \cap B)^c$

$A = \{(a,\ 0.6),\ (b,\ 0.2),\ (c,\ 1)\}$, $B = \{(a,\ 0.9),\ (b,\ 0.5),\ (c,\ 7)\}$,
$C = \{(a,\ 0.7),\ (b,\ 0.8),\ (c,\ 4)\}$일 때 다음을 증명하시오.

11. $A \cup A = A$

12. $A \cap (B \cup C) = (A \cap B) \cup (A \cap C)$

13. $(A^c)^c = A$

14. $A \cup (B \cap C) = (A \cup B) \cap (A \cup C)$

15. $(A \cap B) \cup (A \cap B^c) = A$

16. $A \cap (B - C) = (A \cap B) - C$

17. $A \cap (B - C) = (A - C) \cup (B - C)$

18. $A - (B \cup C) = (A - B) \cap (A - C)$

19. $A - (B \cap C) = (A - B) \cup (A - C)$

20. $A \cap A = A$

1.3 실수의 집합

※ 다음 수의 값을 구하시오.

01. $0 \cdot 0$

02. $\frac{0}{0}$

03. $\frac{0}{3}$

04. $\frac{2}{0}$

05. 3°

※ 다음 ISBN에서 x_{10}의 값을 구하시오.

06. 89-7088-123-( )

07. 89-8437-073-( )

08. 1-86503-698-( )

09. 0-404-50874-( )

10. 0-19-803812-( )

※ 다음 Bar Code에서 x_{13}의 값을 구하시오.

11. 978-89-6416-018-( )

12. 978-18-6503-698-( )

13. 978-89-8580-451-( )

14. 880-30-3514-698-( )

15. 978-89-0020-911-( )

※ 다음 원문에 대한 암호문을 구하시오. 단, 암호화 함수는 $f(x)=x+15$

16. TAXI

17. MATHEMATICS

18. APPLE

19. ORANGE

20. CIPHER

※ 다음 암호화 함수에 대해서 원문(BUS)에 대한 암호문을 구하시오.

21. $f(x)=x+3$

22. $f(x)=x+19$

23. $f(x)=3x+2$

24. $f(x)=3x+11$

25. $f(x)=7x+1$

※ 다음을 증명하시오.

26. $\sqrt{7}$ 이 무리수이다.

27. $a<b$ 이면 $a<\dfrac{a+b}{2}<b$

※ 다음 부등식의 해를 구하시오.

28. $7x-7<2x+3$

29. $3-6x<2x+7<-2$

30. $x^2+11x-12<0$

31. $\dfrac{2}{x}<-3$

32. $(2-x)(3x-7)(x+5)\geqq 0$

33. $-2<|5+x|<3$

34. $\left|3+\dfrac{2}{x}\right|>5$

35. $|x-1|<|2x+2|$

36. $2|x-2|\geq -|2x+5|$

※ 절대값의 정의를 이용하여 다음을 증명하시오.

37. $|ab|=|a|\,|b|$

38. $-|a|\leq a\leq |a|$

39. $|a-b|=|b-a|$

40. $|a+b|\leq |a|+|b|$

Chapter _ 2

수의 표현

2.1 진수 체계

자연수는 1, 2, 3, 4, 5, …를 말하며, 자연적으로 생겨난 "수"의 집합이다. 또는 양의 정수(positive integer)의 집합이라고도 한다.

$+: N \times N \to N$, $\cdot: N \times N \to N$라 놓으면 임의의 두 자연수 a와 b에 대해서 다음이 성립한다.

(a) 합(sum) $a+b$는 자연수의 집합의 원소이다.
(b) 곱(product) $a \cdot b$는 자연수의 집합의 원소이다.

이러한 사실을 자연수의 집합은 덧셈(addition)과 곱셈(multiplication)에 대해서 닫혀 있다(closed)고 말한다.

(c) $a+b=b+a$, $a \cdot b=b \cdot a$
(d) $(a+b)+c=a+(b+c)$, $(a \cdot b) \cdot c=a \cdot (b \cdot c)$
(e) $a \cdot (b+c)=(a \cdot b)+(a \cdot c)$

자연수의 집합을 다음과 같이 나타낸다.

$$\mathrm{N} = \{1,\ 2,\ 3,\ \cdots\}$$

우리가 사용하고 있는 자연수의 표현은 기수(base) 10으로 하고 있으며, 이는 자연수를 0부터 9까지의 수로 나타내고 각 숫자의 위치는 10의 거듭제곱의 형태로 나타낸다. 따라서 임의의 자연수 n은 다음과 같이 표현될 수 있다.

$$\begin{aligned} n &= a_0 10^0 + a_1 10^1 + \cdots + a_{m-1} 10^{m-1} + a_m 10^m \\ &= a_m 10^m + a_{m-1} 10^{m-1} + \cdots + a_1 10^1 + a_0 10^0 \end{aligned}$$

예제 1 357을 기수 10으로 나타내시오.

$$357 = 3 \cdot 10^2 + 5 \cdot 10^1 + 7 \cdot 10^0$$

임의의 자연수 n은 기수 p로 하여 다음과 같이 표현될 수 있다.

$$\begin{aligned} n &= a_0 p^0 + a_1 p^1 + \cdots + a_{m-1} p^{m-1} + a_m p^m \\ &= a_m p^m + a_{m-1} p^{m-1} + \cdots + a_1 p^1 + a_0 p^0 \end{aligned}$$

$$\text{단, } a_i \neq 0,\ 0 \le a_i \le p-1$$

예제 2 12를 기수 2로 나타내시오.

$12 = a_m 2^m + a_{m-1} 2^{m-1} + \cdots + a_1 2^1 + a_0 2^0$ (단 $a_i = 0, 1$)에서 다음을 알 수 있다.

$2 \cdot 6 + 0 = 2(a_m 2^{m-1} + \cdots + a_1) + a_0$

그 결과 $a_0 = 0$ 이고 $6 = a_m 2^{m-1} + \cdots + a_2 2^1 + a_1$

$2 \cdot 3 + 0 = 2(a_m 2^{m-2} + \cdots + a_2) + a_1$

그 결과 $a_1 = 0$ 이고 $3 = a_m 2^{m-2} + \cdots + a_3 2^1 + a_2$

$2 \cdot 1 + 1 = 2(a_m 2^{m-3} + \cdots + a_3) + a_2$

그 결과 $a_2 = 1$이고 $1 = a_m 2^{m-3} + \cdots + a_4 2^1 + a_3$

$2 \cdot 0 + 1 = 2(a_m 2^{m-4} + \cdots + a_4) + a_3$

그 결과 $a_3 = 1$임을 알 수 있고 다음과 같다.

$12 = (1100)_2$

일반적으로 기수가 생략되면 기수 10으로 간주하고 10진수 체계라 한다.

위의 예제 2는 기수 2이므로 2진수 체계라 한다.

16진수 체계에서는 0, 1, ⋯, 8, 9, A, B, C, D, E, F의 숫자를 사용하고 $A=10$, $B=11$, $C=12$, $D=13$, $E=14$, $F=15$를 나타낸다.

다음은 진수의 변환에 대해서 알아보자.

경우 1 10진수를 임의의 진수로 변환하는 방법에 대해서 알아보자.
10진수를 2진수로 변환하는 방법은 앞의 예제에서 공부했다. 10진수를 임의의 진수로 변환하는 방법은 10진수를 2진수로 변환하는 방법과 동일하다.

예제 3 69를 기수 8로 나타내시오.

$69=a_m8^m+a_{m-1}8^{m-1}+\cdots+a_18^1+a_08^0$에서

$69=8\cdot 8+5$이므로 $a_0=5$임을 알 수 있다.

$8=8\cdot 1+0$이므로 $a_1=0$, $a_2=1$임을 알 수 있고 다음과 같다.

$$69=(105)_8$$

예제 4 206를 기수 16으로 나타내시오.

$206=a_m16^m+a_{m-1}16^{m-1}+\cdots+a_116^1+a_016^0$에서

$206=16\cdot 12+14$이므로 $a_0=14=E$, $a_1=12=C$임을 알 수 있고 다음과 같다.

$$206=(CE)_{16}$$

경우 2 임의의 진수를 10진수로 변환하는 방법에 대해서 알아보자.

예제 5 $(1011)_2$를 10진수로 나타내시오.

$(1011)_2=1\cdot 2^3+0\cdot 2^2+1\cdot 2^1+1\cdot 2^0=11$

예제 6 $(213)_4$를 10진수로 나타내시오.

$$(213)_4 = 2 \cdot 4^2 + 1 \cdot 4^1 + 3 \cdot 4^0 = 39$$

예제 7 $(3B)_{16}$을 10진수로 나타내시오.

$$(3B)_{16} = B \cdot 16^0 + 3 \cdot 16^1 = 11 \cdot 16^0 + 3 \cdot 16^1 = 59$$

경우 3 임의의 진수를 임의의 다른 진수로 변환하는 방법에 대해서 알아보자.
먼저 2진수를 8진수로 변환하는 방법에 대해서 알아보자.

2진수 10110010를 8진수로 변환하기 위해 2진수 10110010를 다음과 같이 나타낸다.

$$\begin{aligned}
&10110010 = 1 \cdot 2^7 + 0 \cdot 2^6 + 1 \cdot 2^5 + 1 \cdot 2^4 + 0 \cdot 2^3 + 0 \cdot 2^2 + 1 \cdot 2^1 + 0 \cdot 2^0 \\
&= (1 \cdot 2^1 + 0 \cdot 2^0)2^6 + (1 \cdot 2^2 + 1 \cdot 2^1 + 0 \cdot 2^0)2^3 + 0 \cdot 2^2 + 1 \cdot 2^1 + 0 \cdot 2^0 \\
&= (1 \cdot 2^1 + 0 \cdot 2^0)8^2 + (1 \cdot 2^2 + 1 \cdot 2^1 + 0 \cdot 2^0)8^1 + 0 \cdot 2^2 + 1 \cdot 2^1 + 0 \cdot 2^0 \\
&= (262)_8
\end{aligned}$$

다음은 2진수를 16진수로 변환하는 방법에 대해서 알아보자.

2진수 100100111001010를 16진수로 변환하기 위해 2진수 100100111001010를 다음과 같이 나타낸다.

$$\begin{aligned}
100100111001010 &= (100)(1001)(1100)(1010) \\
&= 4 \cdot 16^3 + 9 \cdot 16^2 + 12 \cdot 16^1 + 10 \cdot 16^0 \\
&= (49CA)_{16}
\end{aligned}$$

역으로, 먼저 8진수를 2진수로 변환하는 방법에 대해서 알아보자.
8진수 4563을 2진수로 변환하기 위해 8진수 4563를 다음과 같이 나타낸다.

$$\begin{aligned}
4563 &= 4 \cdot 8^3 + 5 \cdot 8^2 + 6 \cdot 8^1 + 3 \cdot 8^0 \\
&= (100)_2 \cdot 8^3 + (101)_2 \cdot 8^2 + (110)_2 \cdot 8^1 + (011)_2 \cdot 8^0
\end{aligned}$$

$$= (100)_2 \cdot 2^9 + (101)_2 \cdot 2^6 + (110)_2 \cdot 2^3 + (011)_2 \cdot 2^0$$
$$= 1 \cdot 2^{11} + 0 \cdot 2^{10} + \cdots + 1 \cdot 2^1 + 1 \cdot 2^0$$
$$= (100101110011)_2$$

다음은 16진수를 2진수로 변환하는 방법에 대해서 알아보자.

16진수 $B15$를 2진수로 변환하기 위해 16진수 $B15$를 다음과 같이 나타낸다.

$$\begin{aligned} B15 &= 11 \cdot 16^2 + 1 \cdot 16^1 + 5 \cdot 16^0 \\ &= (1011)_2 \cdot 2^8 + (0001)_2 \cdot 2^4 + (0101)_2 \cdot 2^0 \\ &= (101100010101)_2 \end{aligned}$$

임의의 진수의 소수 표현에 대해서 알아보자.

10진수 0.123은 다음과 같다.

$$0.123 = 1 \cdot 10^{-1} + 2 \cdot 10^{-2} + 3 \cdot 10^{-3}$$

그러므로 m진수의 $0.abc$는 다음과 같다.

$$(0.abc)_m = a \cdot m^{-1} + b \cdot m^{-2} + c \cdot m^{-3}$$

예제 8 $(0.1001)_2$를 10진수로 변환하시오.

풀이 ‖ $(0.1001)_2 = 1 \cdot 2^{-1} + 0 \cdot 2^{-2} + 0 \cdot 2^{-3} + 1 \cdot 2^{-4}$

$$= \frac{1}{2} + \frac{1}{16} = 0.5 + 0.0625 = 0.5625$$ ❑

예제 9 10진수 0.375를 2진수로 변환하시오.

풀이 ‖ $0.375 = a_1 \cdot 2^{-1} + a_2 \cdot 2^{-2} + a_3 \cdot 2^{-3} + \cdots$에서 양변에 2를 곱하면 다음과 같이 a_1을 구할 수 있다.

$0.75 = a_1 + a_2 \cdot 2^{-1} + a_3 \cdot 2^{-2} + a_4 \cdot 2^{-3} + \cdots$

$a_1 = 0$임을 알 수 있다.

그리고

$0.75 = a_2 \cdot 2^{-1} + a_3 \cdot 2^{-2} + a_4 \cdot 2^{-3} + \cdots$에서 양변에 2를 곱하면 다음과 같이 a_2을 구할 수 있다.

$1.5 = a_2 + a_3 \cdot 2^{-1} + a_4 \cdot 2^{-2} + a_5 \cdot 2^{-3} + \cdots$

$a_2 = 1$임을 알 수 있다.

그리고

$0.5 = a_3 \cdot 2^{-1} + a_4 \cdot 2^{-2} + a_5 \cdot 2^{-3} + \cdots$에서 양변에 2를 곱하면 다음과 같이 a_3을 구할 수 있다.

$1 = a_3 + a_4 \cdot 2^{-1} + a_5 \cdot 2^{-2} + \cdots$

$a_3 = 1$임을 알 수 있다.

그 결과 다음을 알 수 있다.

$0.375 = (0.011)_2$ ❑

예제 10 10 진수 0.35를 2진수로 변환하시오.

풀이 $0.35 = a_1 \cdot 2^{-1} + a_2 \cdot 2^{-2} + a_3 \cdot 2^{-3} + \cdots$에서 양변에 2를 곱하면 다음과 같이 a_1을 구할 수 있다.

$0.7 = a_1 + a_2 \cdot 2^{-1} + a_3 \cdot 2^{-2} + a_4 \cdot 2^{-3} + \cdots$

$a_1 = 0$임을 알 수 있다.

그리고 $0.7 = a_2 \cdot 2^{-1} + a_3 \cdot 2^{-2} + a_4 \cdot 2^{-3} + \cdots$에서 양변에 2를 곱하면 다음과 같이 a_2을 구할 수 있다.

$1.4 = a_2 + a_3 \cdot 2^{-1} + a_4 \cdot 2^{-2} + a_5 \cdot 2^{-3} + \cdots$

$a_2 = 1$임을 알 수 있다. 그리고

$0.4 = a_3 \cdot 2^{-1} + a_4 \cdot 2^{-2} + a_5 \cdot 2^{-3} + \cdots$에서 양변에 2를 곱하면 다음과 같이 a_3을 구할 수 있다.

$0.8 = a_3 + a_4 \cdot 2^{-1} + a_5 \cdot 2^{-2} + \cdots$

$a_3 = 0$임을 알 수 있다.

⋮

같은 방법으로 계속하여 a_i 를 구하면 다음과 같다.

$0.35 = (0.01\ 0110\ 0110\ \cdots)_2$, 즉 순환마디를 갖는 소수임을 알 수 있다. ❑

예제 11 $(0.52)_8$을 2진수로 변환하시오.

풀이 $(0.52)_8 = 5 \cdot 8^{-1} + 2 \cdot 8^{-2}$

$= (101)_2 \cdot 8^{-1} + (010)_2 \cdot 8^{-2}$

$= (1 \cdot 2^2 + 0 \cdot 2^1 + 1 \cdot 2^0)2^{-3} + (0 \cdot 2^2 + 1 \cdot 2^1 + 0 \cdot 2^0)2^{-6}$

$= 1 \cdot 2^{-1} + 0 \cdot 2^{-2} + 1 \cdot 2^{-3} + 0 \cdot 2^{-4} + 1 \cdot 2^{-5} + 0 \cdot 2^{-6}$

$= (0.101010)_2$ ❑

예제 12 $(0.111)_2$를 4진수로 변환하시오.

풀이 $(0.111)_2 = 1 \cdot 2^{-1} + 1 \cdot 2^{-2} + 1 \cdot 2^{-3}$

$= (3+1)2^{-2} + (2)2^{-4}$

$= 3 \cdot 4^{-1} + 2 \cdot 4^{-2}$

$= (0.32)_4$ ❑

기수 2의 연산

$+: \{0,1\} \times \{0,1\} \to \{0,1\}$, $\times: \{0,1\} \times \{0,1\} \to \{0,1\}$에 대해서 다음과 같다.

$$0+0=0, 0+1=1, 1+0=1, 1+1=0$$

그리고 $0 \times 0 = 0$, $0 \times 1 = 0$, $1 \times 0 = 0$, $1 \times 1 = 1$

예를 들면 다음이 성립한다.

$$\begin{array}{r} 1100011 \\ +\quad 10010 \\ \hline 1110101 \end{array}$$

n진수에 대한 보수는 n과 $n-1$의 보수가 있다.

10진수 4356의 10의 보수는 다음과 같다.

$$10^4 - 4356 = 10000 - 4356 = 5644$$

그리고 10진수 4356의 9의 보수는 다음과 같다.

$$(10^4 - 1) - 4356 = 9999 - 4356 = 5643$$

예제 13 2진수 100100의 2의 보수와 1의 보수를 각각 구하시오.

풀이 2의 보수

$$2^6 - (100100)_2 = 1000000 - (100100)_2 = (011100)_2$$

1의 보수

$$(2^6 - 1) - (100100)_2 = 111111 - (100100)_2 = (011011)_2$$

❑

위의 예제에서 다음을 알 수 있다

2진수에서 1의 보수는 0과 1을 바꾸어 구할 수 있고 2의 보수는 1의 보수에 1을 더하여 구할 수 있다.

보수 연산

2진수에서 2의 보수 연산에 대해서 알아보자.

2진수에서 2의 보수의 합은 맨 왼쪽의 올림수가 항등원이 되는 연산이다.

예제 14

$$\begin{array}{r} 01001110 \\ +\ 00011001 \\ \hline 01100111 \end{array}$$

맨 왼쪽의 올림수는 없고 결과는 10진수와 같다.

예제 15

$$\begin{array}{r} 10101010 \\ +\ 01010101 \\ \hline 11111111 \end{array}$$

2진수에서 2의 보수 연산시 $2^8 = 100000000 = 0$이므로 $(11111111)_2$는 -1의 의미를 갖는다.

예제 16

$$\begin{array}{r} 11111111 \\ +\ 00001110 \\ \hline 100001101 \end{array}$$

위의 연산의 결과에서 맨 왼쪽의 1은 0의 의미를 갖는다.

그 결과 다음을 알 수 있다.

$$\begin{array}{r} 11111111 \\ +\ 00001110 \\ \hline 00001101 \end{array}$$

2진수에서 1의 보수 연산에 대해서 알아보자.

2진수에서 1의 보수의 합은 맨 왼쪽의 올림수를 오른쪽으로 가져 와서 다시 합하는 연산이다.

예제 17

$$\begin{array}{r} 00110000 \\ +\ 11111111 \\ \hline 100101111 \end{array}$$

맨 왼쪽의 올림수 1은 다음과 같다.

$100000000 = 11111111 + 00000001$

그리고 2진수에서 1의 보수 연산시 $11111111 = 0000000$이므로 다음과 같다.

$$\begin{aligned} 100101111 &= 00101111 + 00000001 \\ &= 00110000 \end{aligned}$$

예제 18

$$\begin{array}{r} 01111001 \\ +\ 10000110 \\ \hline 11111111 \end{array}$$

$11111111 = 0000000$이므로 10000110는 01111001의 음수를 나타낸다.

2.2 약수와 배수

정의

임의의 두 정수 n, m에 대해서 $m = kn$를 만족하는 정수 k가 존재하면 n을 m의 약수(divisor)라 하고 m을 n의 배수(multiple)라 하고 $n|m$으로 나타낸다.

정리 1

n, m, k가 정수인 경우 다음이 성립한다.

$$n|m,\ n|k \quad \Rightarrow \quad n|(xm + yk)$$

증명 $n|m$에서 $m = np$인 정수 p가 존재하고 $n|k$에서 $k = nq$인 정수 q가 존재한다. $xm + yk = xnp + ynq = n(xp + yq)$이므로 다음을 알 수 있다.

$$n|(xm + yk)$$ ❑

정의

정수 n의 배수의 집합을 다음과 같이 나타낸다.

$$nZ = \{na|a \in Z\}$$

그러면 다음이 성립한다.

$$Z/nZ = Z_n = \{0,\ 1,\ 2,\ \cdots,\ n-1\}$$

정리 2

두 정수 n, m에 대해서 다음이 성립한다.

$$mZ \subseteq nZ \quad \Leftrightarrow \quad n|m$$

증명 $mZ \subseteq nZ$이면 $m = m \cdot 1$이므로 $m \in mZ$이고 $m \in nZ$이므로 $m = np$임을 알 수 있다. 그러므로 $n|m$임을 알 수 있다.
$n|m$이면 $m = np$인 정수 p가 존재한다. 임의의 $x \in mZ$에 대해서 $x = mt$이고 $x = mt = npt$에서 $x \in nZ$임을 알 수 있다.
그러므로 $mZ \subseteq nZ$임을 알 수 있다. ❑

예제 1 $2Z = \{\cdots, -2, 0, 2, \cdots\}$, $4Z = \{\cdots, -4, 0, 4, \cdots\}$에서 다음이 성립한다.

풀이 $4Z \subseteq 2Z$, $2|4$ ❑

예제 2 $Z/2Z = Z_2 = \{0, 1\}$, $Z/4Z = Z_4 = \{0, 1, 2, 3\}$임을 알 수 있다.

정의

두 정수 n, m에 대해서 $d|n$, $d|m$인 정수 d를 n, m의 공약수(common divisor)라고 한다.
d가 n, m의 공약수이고 n, m의 임의의 공약수 e에 대해서 $e|d$가 성립하면 d를 n, m의 최대공약수(greatest common divisor)라 하고 $d = (n, m) = \gcd(n, m)$으로 나타낸다.

유클리드 알고리즘
a가 n, m의 공약수인 경우 다음과 같이 나타낼 수 있다.

$$n = ak, \quad m = al$$

임의의 정수 t에 대해서 다음이 성립한다.

$$n - tm = ak - tal = a(k - tl)$$

그러므로 a는 $n - tm$의 약수이다.

위의 성질을 이용하여 n, m $(n > m)$의 최대공약수를 구해보자.
n은 다음과 같이 나타낼 수 있다.

$$n = qm + r,\ 0 \le r \le m-1$$

$\gcd(n, m) = x$라 하면 x는 n, m, r의 약수이다.
그 결과 다음이 성립한다.

$$\gcd(n, m) = \gcd(m, r),\ n > m > r \ge 0$$

위의 방법은 $r = 0$이 성립하기 이전의 나머지가 $\gcd(n, m) = x$가 된다.

정리 3

두 정수 $n, m(m > 0)$에 대해서 $n = qm + r,\ 0 \le r \le m-1$를 만족하는 q를 몫, r을 나머지라 하자. 그러면 다음을 알 수 있다.

$$\gcd(n, m) = \gcd(m, r),\ n > m > r \ge 0$$

증명 $A = \{x \mid x|n,\ x|m\}$, $B = \{y \mid y|m,\ y|r\}$라 하자.
$c \in A$이면 $n = qm + r,\ 0 \le r \le m-1$에서 $c \in B$임을 알 수 있고, 만약 $d \in B$이면 $n = qm + r,\ 0 \le r \le m-1$에서 $d \in A$임을 알 수 있어 다음을 알 수 있다.

$$\gcd(n, m) = \gcd(m, r),\ n > m > r \ge 0$$ ❑

예제 3 $\gcd(343, 280)$을 구하시오.

풀이 $343 = 280 \cdot 1 + 63$
그 결과 다음을 알 수 있다.

$$\gcd(343, 280) = \gcd(280, 63)$$

위의 방법을 반복하면 다음과 같다.

$$280 = 63 \cdot 4 + 28$$
$$63 = 28 \cdot 2 + 7$$
$$28 = 7 \cdot 4 + 0$$

그 결과 다음과 같이 나타낼 수 있다.

$$\gcd(343, 280) = 7$$ ❑

정리 4

두 정수 $n, m(n, m \neq 0)$에 대해서 다음이 성립한다.

$$a|n,\ a|m \quad \Rightarrow \quad a|(n, m)$$

증명 두 정수 $n, m(n, m \neq 0)$에 대한 유클리드 알고리즘의 결과는 다음과 같다.

$n = m \cdot q_1 + r_1$

$m = r_1 \cdot q_2 + r_2$

$r_1 = r_2 \cdot q_3 + r_3$

$\vdots$

$r_{n-2} = r_{n-1} \cdot q_n + r_n$

$r_{n-1} = r_n \cdot q_{n+1} + 0$

그 결과 다음을 알 수 있다.

$a|n,\ a|m \quad \Rightarrow \quad a|r_1,\ a|r_2$

$a|r_1,\ a|r_2 \quad \Rightarrow \quad a|r_3,\ a|r_4$

$\vdots$

이를 정리하면 다음과 같다.

$$a|n,\ a|m \quad \Rightarrow \quad a|(n, m) = r_n$$ ❑

정리 5

두 정수 $n, m(n, m \neq 0)$ 그리고 정수 $s \neq 0$에 대해서 다음이 성립한다.

$$(sn, sm) = s(n, m)$$

증명 두 정수 $n, m(n, m \neq 0)$에 유클리드 알고리즘을 적용하여 구한 (n, m)에 s를 곱하여 얻은 값은 두 정수 $sn, sm(n, m, s \neq 0)$에 유클리드 알고리즘을 적용하여 구한 (sn, sm)와 같은 값임을 알 수 있다. ❑

따름정리 1

$(n, m) = a$이면 다음이 성립한다.

$$\left(\frac{n}{a}, \frac{m}{a}\right) = \frac{1}{a}(n, m) = 1$$

예제 4 gcd(35,13)을 구하시오.

풀이 $35 = 13 \cdot 2 + 9$

$13 = 9 \cdot 1 + 4$

$9 = 4 \cdot 2 + 1$

$4 = 1 \cdot 4 + 0$

그 결과 다음과 같이 나타낼 수 있다.

$$\gcd(35,13) = 1$$ ❑

예제 5 두 정수 36,15 그리고 정수 2에 대해서 다음이 성립함을 설명하시오.

$$(72,30) = 2(36,15)$$

풀이 $72 = 30 \cdot 2 + 12$

$30 = 12 \cdot 2 + 6$

$12 = 6 \cdot 2 + 0$

그 결과 다음과 같이 나타낼 수 있다.

$$\gcd(72,30) = 6$$

또한

$36 = 15 \cdot 2 + 6$

$15 = 6 \cdot 2 + 3$

$6 = 3 \cdot 2 + 0$

그 결과 다음과 같이 나타낼 수 있다.

$$\gcd(36,15) = 3$$

그러므로 다음이 성립한다.

$$(72,30) = 2(36,15) = 6$$ ❑

정의

두 정수 $n, m(n, m \neq 0)$에 대해서 $(n,m) = 1$이 성립하면 n, m은 서로소(relative prime) 라고 한다.

위의 예제에서 $\gcd(36,15) = 3$이므로 따름 정리에 의해서 다음과 같이 나타낼 수 있다.

$$\gcd(12,5) = 1,\ \text{즉 } 12\text{와 } 5\text{는 서로소이다.}$$

정리 6

$a|bc$이고 $(a,b)=1$이면 다음이 성립한다.

$$a|c$$

증명 $(a,b)=1$이므로 $(ac,bc)=c(a,b)=c$임을 알 수 있다.

일반적으로 $a|ac$이고, 가정에 의해서 $a|bc$임을 알 수 있다.

정리 4 에 의해서 다음이 성립한다.

$$a|c$$

❑

정의

두 정수 n,m에 대해서 $n|c$, $m|c$인 정수 c를 n,m의 공배수(common multiple)라 한다. c가 n,m의 공배수이고 n,m의 임의의 공배수 e에 대해서 $c|e$가 성립하면 c를 n,m의 최소공배수(least common multiple)이라 하고 $c=[n,m]=lcm(n,m)$으로 나타낸다.

정리 7

두 자연수 n, m에 대해서 다음이 성립한다.

$$[n,m]=\frac{n \cdot m}{(n,m)}$$

증명 $\frac{n \cdot m}{(n,m)}=\frac{m}{(n,m)} \cdot n=\frac{n}{(n,m)} \cdot m$에서 다음을 알 수 있다.

$\frac{n \cdot m}{(n,m)}$은 n의 배수이고 동시에 m의 배수이다.

그 결과 다음과 같이 나타낼 수 있다.

$\frac{n \cdot m}{(n,m)}$은 n,m의 공배수이다.

두 수의 공배수는 최소공배수보다 크기 때문에 다음이 성립한다.

$$\frac{n \cdot m}{(n,m)} \geq [n,m]$$

역으로

$n \cdot m$은 n, m의 공배수이므로 다음이 성립한다.

$$[n, m] | n \cdot m$$

또한 $m | [n, m]$이므로 다음의 값은 정수이다.

$$\frac{[n,m]}{m} = [n,m] \cdot \frac{n}{n \cdot m}$$

그 결과 다음을 알 수 있다.

$\frac{n \cdot m}{[n,m]}$은 n의 약수이고 동시에 m의 약수이다.

그러므로 다음과 같다.

$$\frac{n \cdot m}{[n, m]} \le (n,m)$$

즉, 다음과 같다.

$$\frac{n \cdot m}{(n, m)} \le [n,m]$$

그러므로 다음이 성립한다.

$$[n, m] = \frac{n \cdot m}{(n, m)}$$ ❑

정의

정수 $p(|p| > 1)$의 유일한 양의 약수가 1, $|p|$인 수를 소수(prime)이라 한다.

정리 8

임의의 소수 p에 대해서 다음이 성립한다.

$$(p, q) = 1, \ q \ne \pm p \text{인 소수}$$

예제 6 $-1, 0, 1$는 소수가 아니다.

풀이 소수 p는 $|p| > 1$을 만족한다. ❑

정리 9

소수의 개수는 셀 수 있는 무한개이다.

증명 만약 유한개인 m개의 소수 $p_1, p_2, \cdots, p_m$만 존재한다고 가정하자.

그리고 다음의 새로운 정수를 생각해 보자

$$n = p_1 \cdot p_2 \cdot \cdots \cdot p_m + 1$$

새로운 정수 n은 어떤 소수의 배수가 될 수 없다.

그 결과 $n = p_1 \cdot p_2 \cdot \cdots \cdot p_m + 1$은 $p_1, p_2, \cdots, p_m$보다 큰 새로운 소수임을 알 수 있다. 이는 유한개인 m개의 소수 $p_1, p_2, \cdots, p_m$만 존재한다는 가정에 모순이므로 소수의 개수는 셀 수 있는 무한개이다. ❑

정리 10

p가 소수이고 $p|ab$이면 다음이 성립한다.

$$p|a \text{ 또는 } p|b$$

증명 p가 a의 약수가 아닌 경우 $(p, a) = 1$이므로 다음을 알 수 있다.

$$p|b$$
❑

따름정리 2

p가 소수이고 $p|a_1 \cdot a_2 \cdot \cdots \cdot a_n$이면 다음이 성립한다.

$$p|a_i$$

정의

양의 정수 q에 대해서 $q = a \cdot b,\ (a, b > 1)$이 경우 q를 합성수라 한다.

예제 7 p가 소수이고 q가 합성수인 경우 다음이 성립한다.

$$(p, q) = 1,\ 1 < q < p$$
$$(p, q) = 1 \text{ 또는 } p,\ p < q$$
❑

정의

3개 이상의 정수 $a_1, a_2, \cdots, a_n$에 대해서 다음이 성립하면 쌍마다 서로소라 한다.

$$\gcd(a_i, a_j) = 1,\ i \neq j$$

예제 8 2,3,5는 쌍마다 서로소이지만 3,5,6은 쌍마다 서로소가 성립하지 않는다.

풀이 $(2,3) = (2,5) = (3,5) = 1$이므로 2,3,5는 쌍마다 서로소이다.
그러나 $(3,5) = (5,6) = 1,\ (3,6) = 2 \neq 1$이므로 3,5,6은 쌍마다 서로소가 성립하지 않는다. ❑

정의

정수 $q(q > 1)$가 유한개의 소수의 곱으로 나타낼 때 이를 q의 소인수분해라 한다.

$$q = p_1 \cdot p_2 \cdot \cdots \cdot p_n \text{ 단, } p_i\text{는 소수.}$$

정리 11

합성수 q는 다음을 만족하는 소인수 p를 갖는다.

$$p \leq \sqrt{q}$$

증명 q가 합성수이므로 다음을 만족하는 a,b가 존재한다.

$$q = a \cdot b,\ (1 < a \leq b < q)$$

그리고 다음이 성립한다.

$$a < a^2 \leq ab = q$$

그 결과 다음을 알 수 있다.

$$a \leq \sqrt{q}$$

또한 a는 소인수분해되기 때문에 다음과 같다.

$$p|a \text{ 단, } p \text{ 는 소수}$$

그러므로 다음이 성립한다.

$$p|a,\ a|q \quad \Rightarrow \quad p|q \quad \text{그리고} \quad p \leq a \leq \sqrt{q}$$ ❑

정리 12

서로소인 양의 정수 p, q에 대해서 다음 형태의 소수는 무한개이다.

$$pn+q,\ n=0,\ 1,\ 2,\ \cdots$$

예제 9 $4n+1$, $4n+3$형태의 소수는 무한개이다.

풀이 $4n+1$ 형태 : $5, 13, 17, 29, 37, \cdots$

$4n+3$ 형태 : $3, 7, 11, 19, 23, \cdots$ ❑

정의

a, $a+2$ 형태의 소수를 쌍둥이소수라 하고, a, $a+2$, $a+4$ 형태의 소수를 세쌍둥이소수라 한다.

예제 10 다음은 쌍둥이소수를 나타낸다.

$$3,5 \quad 5,7 \quad 11,13 \quad 17,19 \quad 71,73 \quad \cdots$$

예제 11 다음은 유일한 세쌍둥이소수를 나타낸다.

$$3,\ 5,\ 7$$

연습문제

01. 다음 10진수를 2진수로 변환하시오.

(1) 35　　(2) 157

(3) 1025　　(4) 3003

02. 다음을 10진수로 변환하시오.

(1) $(11100)_2$　　(2) $(23)_4$

(3) $(2367)_8$　　(4) $(DCB)_{16}$

03. 10진수 257을 다음 진수로 변환하시오.

(1) 2진수　　(2) 4진수

(3) 8진수　　(4) 16진수

04. 2진수 1111110101을 다음 진수로 변환하시오.

(1) 10진수　　(2) 4진수

(3) 8진수　　(4) 16진수

05. 다음 8진수를 2진수로 변환하시오.

(1) 60　　(2) 234

(3) 3014　　(4) 6701

06. 다음 16진수를 2진수로 변환하시오.

(1) 52　　(2) A9

(3) A0D　　(4) 4378

07. 다음 10진수를 2진수로 변환하시오.

(1) 0.5　　(2) 0.06

(3) 0.12　　(4) 0.25

08. 다음 2진수를 10진수로 변환하시오.

(1) 0.101　　(2) 0.01

(3) 0.111　　(4) 0.1101

09. 다음 2진수를 8진수로 변환하시오.

(1) 0.1011　　(2) 0.011

(3) 0.1111　　(4) 0.1101

10. 다음 2진수를 16진수로 변환하시오.

(1) 0.101101　　(2) 0.01111

(3) 0.111101　　(4) 0.110101

11. 다음 8진수를 2진수로 변환하시오.

(1) 0.246　　(2) 0.017

(3) 0.53　　(4) 0.001

12. 다음 16진수를 2진수로 변환하시오.

(1) 0.A4　　(2) 0.07

(3) 0.59　　(4) 0.1B

13. 다음 2진수의 연산을 구하시오.

(1) $11001+1001$　　(2) $10001+111$

(3) 101010×101　　(4) 100011×110

14. 다음 8진수의 연산을 구하시오.

(1) $362+677$　　(2) $475+475$

(3) $234-75$　　(4) $5001-765$

15. 다음 16진수의 연산을 구하시오.

(1) 3A2+67C　　(2) 975+B75

(3) 234−AE　　(4) 50FF−761

16. 2의 보수연산을 이용하여 연산을 구하시오.

(1) 10110111+10001111　　(2) 11110000+11111

(3) 11110100+1000000　　(4) 11010110+10101010

17. 1의 보수연산을 이용하여 연산을 구하시오.

(1) 10110011+10001101　　(2) 11110100+11011

(3) 10110101+10001100　　(4) 11010111+10101011

Chapter _ 3

관계

3.1 관계

관계는 두 집합의 곱집합의 부분집합으로 관계의 특수한 경우가 함수이다.
관계의 특성과 동치관계에 대해서 알아보자.

정의

집합 A에서 집합 B로의 관계(relation) R은 A, B의 곱집합 $A \times B$의 부분집합이고 즉, $R \subseteq A \times B = \{(a,\ b) | a \in A,\ \ b \in B\}$이고 $(a,\ b) \in R$를 aRb로 나타낸다.

예제 1 $A = \{2, 3, 4, 5\}$, $B = \{1, 2, 3, 4, 5\}$이고 $aRb \Leftrightarrow a|b$로 정의하면 집합 A에서 집합 B로의 관계 R은 다음과 같다. 단, $a|b$는 "a는 b의 약수이다"를 의미한다.

$$R = \{(2,\ 2),\ (2,\ 4),\ (3,\ 3),\ (4,\ 4),\ (5,\ 5)\}$$ ❑

정의

집합 A에서 집합 A로의 관계를 집합 A에서의 이항관계(binary relation)라 한다.

예제 2 $A=\{2,3,4,5\}$이고 $aRb \Leftrightarrow a<b$로 정의하면 집합 A에서의 관계 R은 다음과 같다.

$$R=\{(2,\ 3),\ (2,\ 4),\ (2,\ 5),\ (3,\ 4),\ (3,\ 5),\ (4,\ 5)\}$$

관계 R을 다음과 같이 나타낼 수 있다.

(1) 화살표 도표

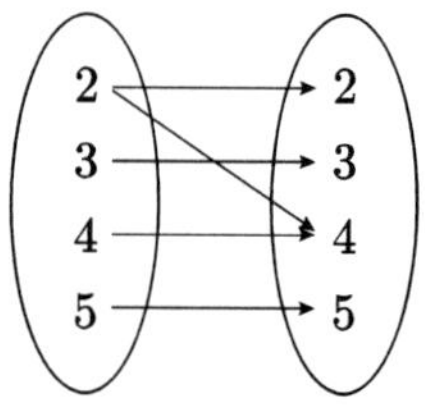

(2) 좌표 도표

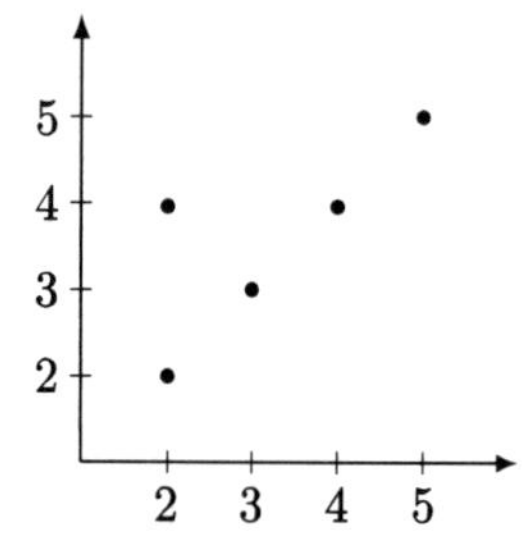

(3) 유향 그래프

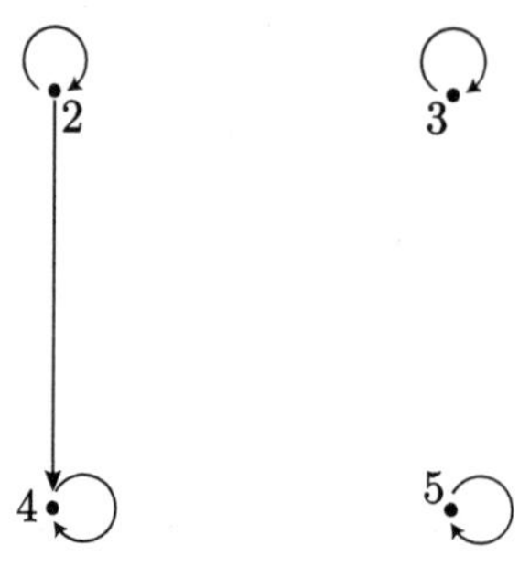

(4) 관계 행렬

$$\begin{pmatrix} 1\,0\,1\,0 \\ 0\,1\,0\,0 \\ 0\,0\,1\,0 \\ 0\,0\,0\,1 \end{pmatrix}$$

정의

집합 A에서의 이항관계 R에 대해서 $aRa,\ \forall a \in A$이 성립하면 관계 R은 반사적(reflexive)이라 한다.

예제 3 자연수 전체의 집합 N에서의 관계 R을 다음과 같이 정의하자.

$$nRm \quad \Leftrightarrow \quad n \le m,\ \ \forall n,m \in N$$

집합 N에서의 관계 R은 반사적이다.

풀이 모든 $n \in N$에 대해서 $n \le n$이 성립함으로 nRn을 만족한다. ❑

예제 4 정수 전체의 집합 Z에서의 관계 R을 다음과 같이 정의하자.

$$nRm \quad \Leftrightarrow \quad n|m,\ \ \forall n,m \in Z$$

집합 Z에서의 관계 R은 반사적이다.

풀이 모든 $m \in Z$에 대해서 $m|m$이 성립함으로 mRm을 만족한다. ❑

예제 5 수 전체의 집합 Z에서의 관계R을 다음과 같이 정의하자.

$$nRm \quad \Leftrightarrow \quad |n-m| < 1,\ \ \forall n,m \in Z$$

집합 Z에서의 관계 R은 반사적이다.

풀이 모든 $m \in Z$에 대해서 $|m-m| = 0 < 1$이 성립함으로 mRm을 만족한다. ❑

예제 6 정수 전체의 집합 Z 에서의 관계 R을 다음과 같이 정의하자.

$$nRm \quad \Leftrightarrow \quad n < m,\ \ \forall n,m \in Z$$

집합 Z에서의 관계 R 은 반사적이 아니다.

풀이 풀이 모든 $m \in Z$에 대해서 $m < m$이 성립하지 않으므로 mRm을 만족하지 못한다. 즉, $(m,m) \notin R, \ \forall m \in Z$. ❑

예제 7 $A = \{1,2,3\}$이고 집합 A에서의 이항관계 R을 다음과 같이 정의하자.

$$R = \{(1,\ 1),\ (2,\ 2),\ (2,\ 3)\}$$

집합 A에서의 관계 R은 반사적이 아니다.

풀이 $(3,\ 3) \notin R$이므로 반사적이 아니다. ❑

정의

집합 A에서의 이항관계 R에 대해서 $aRb \Rightarrow bRa, \ \forall a,b \in A$이 성립하면 관계 R은 대칭적(symmetric)이라 한다.

예제 8 정수 전체의 집합 Z에서의 관계R을 다음과 같이 정의하자.

$$nRm \quad \Leftrightarrow \quad |n-m| < 1, \ \ \forall n,m \in Z$$

집합 Z에서의 관계 R은 대칭적이다.

풀이 모든 $m,n \in Z$에 대해서 $|n-m| < 1$을 만족하므로 다음이 성립한다.

$$|m-n| < 1$$ ❑

예제 9 정수 전체의 집합 Z에서의 관계 R을 다음과 같이 정의하자.

$$nRm \quad \Leftrightarrow \quad n = m, \ \ \forall n,m \in Z$$

집합 Z에서의 관계 R은 대칭적이다.

풀이 모든 $m,n \in Z$에 대해서 $m = n$이 성립하므로 mRn을 만족한다. ❑

예제 10 정수 전체의 집합 Z에서의 관계 R을 다음과 같이 정의하자.

$$nRm \quad \Leftrightarrow \quad n|m, \ \ \forall n,m \in Z$$

집합 Z에서의 관계 R은 대칭적이 아니다.

풀이 임의의 정수 2와 6에 대해서 $2|6$은 성립되지만 $6|2$는 성립되지 않으므로 관계 R은 대칭적이 아니다. ❑

예제 11 정수 전체의 집합 Z에서의 관계 R을 다음과 같이 정의하자.

$$nRm \Leftrightarrow n < m, \ \forall n, m \in Z$$

집합 Z에서의 관계 R은 대칭적이 아니다.

풀이 임의의 정수 3와 4에 대해서 $3 < 4$은 성립되지만 $4 < 3$는 성립되지 않음으로 관계 R은 대칭적이 아니다. ❑

정의

집합 A에서의 이항관계 R에 대해서 $aRb, \ bRc \Rightarrow aRc, \ \forall a, b, c \in A$이 성립하면 관계 R은 추이적(transitive)이라 한다.

예제 12 정수 전체의 집합 Z 에서의 관계 R을 다음과 같이 정의하자.

$$nRm \Leftrightarrow n < m, \ \forall n, m \in Z$$

집합 Z에서의 관계 R은 추이적이다.

풀이 $n < m, \ m < p \Rightarrow n < p$를 만족하므로 관계 R은 추이적이다. ❑

예제 13 정수 전체의 집합 Z에서의 관계 R을 다음과 같이 정의하자.

$$nRm \Leftrightarrow n|m, \ \forall n,m \in Z$$

집합 Z에서의 관계 R 은 추이적이다.

풀이 모든 $n,m,p \in Z$에 대해서 $n|m, \ m|p \Rightarrow n|p$를 만족하므로 관계 R은 추이적이다. ❑

예제 14 정수 전체의 집합 Z에서의 관계 R을 다음과 같이 정의하자.

$$nRm \Leftrightarrow n = m, \ \forall n,m \in Z$$

집합 Z에서의 관계 R은 추이적이다.

풀이 모든 $n,m,p \in Z$에 대해서 $n = m, \ m = p \Rightarrow n = p$를 만족하므로 관계 R은 추이적이다. ❑

예제 15 정수 전체의 집합 Z에서의 관계 R을 다음과 같이 정의하자.

$$nRm \Leftrightarrow |n-m| \le 1, \ \forall n, m \in Z$$

집합 Z에서의 관계 R은 추이적이 아니다.

풀이 임의의 정수 3와 4에 대해서 $3R4$은 성립되고 임의의 정수 4와 5에 대해서 $4R5$는 성립되지만 $3R5$는 성립되지 않음으로 관계 R은 추이적이 아니다. ❑

3.2 동치관계

정의

집합 A에서의 이항관계 R이 반사적, 대칭적, 추이적일 때 관계 R을 동치관계 (equivalence relation)라 한다.

예제 1 정수 전체의 집합 Z에서의 관계 R을 다음과 같이 정의하자.

$$nRm \Leftrightarrow n=m, \ \forall n, m \in Z$$

집합 Z에서의 관계 R은 동치관계이다.

풀이 관계 R은 반사적, 대칭적, 추이적이므로 동치관계이다. ❑

예제 2 정수 전체의 집합 Z에서의 관계 R을 다음과 같이 정의하자

$$nRm \Leftrightarrow n \equiv m \,(\mathrm{mod}\, p), \ \forall n, m \in Z$$

집합 Z에서의 관계 R은 동치관계이다.

풀이 1) $n-n=0=p \cdot 0$이므로 R은 반사적이다.

2) $n-m=p \cdot a$이면 $m-n=p \cdot (-a)$이므로 R은 대칭적이다.

3) $n-m=p \cdot a$, $m-s=p \cdot b$이면 $n-s=p \cdot (a+b)$이므로 R은 추이적이다.

그러므로 관계 R은 동치관계이다. ❑

예제 3 실수 전체의 집합 R에 대해서 $R\times(R-\{0\})$에서의 관계 T를 다음과 같이 정의하자.

$$(a,b)T(c,d) \Leftrightarrow ad=bc$$

집합 $R\times(R-\{0\})$에서의 관계 T은 동치관계이다.

풀이 (1) $(a,b)T(a,b)$ 즉, $ab=ba$가 성립하여 관계 T은 반사적이다.

(2) $(a,b)T(c,d) \Rightarrow (c,d)T(a,b)$ 즉, $ad=bc \Rightarrow cb=da$가 성립하여 관계 T은 대칭적이다.

(3) $(a,b)T(c,d)$, $(c,d)T(s,t) \Rightarrow (a,b)T(s,t)$ 즉,
$ad=bc$, $ct=ds \Rightarrow adct=bcds \Rightarrow at=bs$가 성립하여 관계 T은 추이적이다. 그러므로 관계 T은 동치관계이다. □

정의

집합 A의 부분집합 A_i에 대해서 $A=\cup A_i$, $\cap A_i=\varnothing$를 만족하면 $P=\{A_i|\ i\in I\}$를 A의 분할(partition)이라 한다.

정리 1

집합 A에 하나의 분할 P가 주어지면 집합 A에서 동치관계를 얻을 수 있고, 그 역도 성립한다.

집합 A에서의 관계 R이 동치관계인 경우 분할 $P=\{A_i|\ i\in I\}$를 얻을 수 있다. 이 때 각 A_i를 동치류(equivalent class)라 한다.

예제 4 정수 전체의 집합 Z에서의 관계 R을 $nRm \Leftrightarrow n\equiv m \pmod{5}$, $\forall\, n,m\in Z$으로 정의하면 집합 Z에서의 관계 R은 동치관계이다. 이 때 동치류를 구하시오.

풀이 A_0, A_1, A_2, A_3, A_4는 $\cup A_i=Z$, $\cap A_i=\varnothing$를 만족하므로 동치류이다.

$$A_0=\{\cdots,\ -5,\ 0,\ 5,\ \cdots\}$$

$$A_1=\{\cdots,\ -4,\ 1,\ 6,\ \cdots\}$$

$$A_2 = \{\cdots, -3, 2, 7, \cdots\}$$

$$A_3 = \{\cdots, -2, 3, 8, \cdots\}$$

$$A_4 = \{\cdots, -1, 4, 9, \cdots\}$$ □

예제 5 실수 전체의 집합 R에 대해서 $R\times(R-\{0\})$에서의 관계 T을 $(a,b)T(c,d) \Leftrightarrow ad=bc$으로 정의하면 집합 $R\times(R-\{0\})$에서의 관계 T은 동치관계이다. 이때 동치류를 구하시오.

풀이 $A_{\frac{q}{p}}$는 $\cup A_{\frac{q}{p}} = R\times(R-\{0\})$, $\cap A_{\frac{q}{p}} = \varnothing$를 만족하므로 동치류이다.

$A_{\frac{q}{p}} = \left\{\cdots, \dfrac{-q}{-p}, \dfrac{q}{p}, \dfrac{2q}{2p}, \cdots\right\}$ 단, $p(\neq 0)$, q는 서로소인 정수 □

예제 6 $f: A \to B$에 대해서 정의역 A에서의 관계 R을 다음과 같이 정의한다.

$$aRb \Leftrightarrow f(a)=f(b), \ \forall a,b\in A.$$

관계 R은 동치관계임을 보이고 동치류를 구하시오.

풀이 (1) aRa, $\forall a \in A$ 즉, $f(a)=f(a)$가 성립하여 관계 R은 반사적이다.

(2) $aRb \Rightarrow bRa$, $\forall a,b \in A$ 즉, $f(a)=f(b) \Rightarrow f(b)=f(a)$가 성립하여 관계 R은 대칭적이다.

(3) aRb, $bRc \Rightarrow aRc$, $\forall a,b,c\in A$ 즉,

$f(a)=f(b)=f(c) \Rightarrow f(a)=f(c)$가 성립하여 관계 R은 추이적이다.

그러므로 관계 R은 동치관계이다.

동치류 A_i는 다음과 같은 형태로 나타낸다.

$$f^{-1}[y] = \{a\in A \mid f(a)=y\}$$

즉, $\cup f^{-1}[y]=A$, $\cap f^{-1}[y]=\varnothing$를 만족한다. □

3.3 합성관계

두 관계의 합성에 대해서 알아보자.

정의

집합 A, B, C에 대해서 R은 A에서 B로의 관계이고 S는 B에서 C로의 관계인 경우, R과 S의 합성관계 $S \circ R$은 A에서 C로의 관계로서 다음과 같이 정의한다.

$$S \circ R = \{(a,c) \parallel (a,b) \in R,\ (b,c) \in S\}$$

예제 1 $A = \{1, 2, 3, 4, 5\}$, $B = \{a, b, c, d\}$, $C = \{p, q, r, s\}$이고 $R = \{(1, a), (2, d), (3, a), (5, a)\}$, $S = \{(b, q), (c, r), (d, r)\}$인 경우 $S \circ R$을 구하시오.

풀이 관계 R, S에 대한 관계행렬 M_R, M_S은 다음과 같다.

$$M_R = \begin{pmatrix} 1\,0\,0\,0 \\ 0\,0\,0\,1 \\ 1\,0\,0\,0 \\ 0\,0\,0\,0 \\ 1\,0\,0\,0 \end{pmatrix},\quad M_S = \begin{pmatrix} 0\,0\,0\,0 \\ 0\,1\,0\,0 \\ 0\,0\,1\,0 \\ 0\,0\,1\,0 \end{pmatrix}$$

그 결과 $M_R \bullet M_S$는 다음과 같다. 단, 논리합과 논리곱의 연산을 적용한다.

$$M_R \bullet M_S = \begin{pmatrix} 0\,0\,0\,0 \\ 0\,0\,1\,0 \\ 0\,0\,0\,0 \\ 0\,0\,0\,0 \\ 0\,0\,0\,0 \end{pmatrix}$$

그러므로 다음을 알 수 있다.

$$S \circ R = \{(2,r)\}$$

또한 화살표 도표를 이용하여 구해보자.

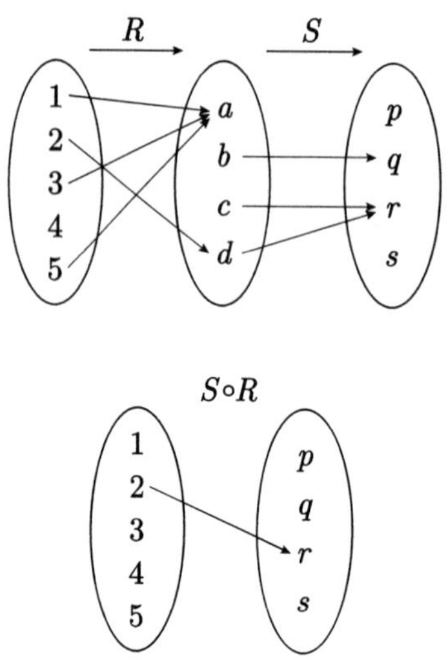

예제 2 $A=\{a, b, c\}$, $B=\{x, y, z, u\}$, $C=\{l, m, n\}$이고 $R=\{(a, x), (b, z), (c, u)\}$, $S=\{(x, l), (y, m), (z, n), (u, l)\}$인 경우 $S \circ R$을 구하시오.

풀이 관계 R, S에 대한 관계행렬 M_R, M_S은 다음과 같다.

$$M_R=\begin{pmatrix}1\,0\,0\,0\\0\,0\,1\,0\\0\,0\,0\,1\end{pmatrix}, \quad M_S=\begin{pmatrix}1\,0\,0\\0\,1\,0\\0\,0\,1\\1\,0\,0\end{pmatrix}$$

그 결과 $M_R \bullet M_S$는 다음과 같다. 단, 논리합과 논리곱의 연산을 적용한다.

$$M_R \bullet M_S=\begin{pmatrix}1\,0\,0\\0\,0\,1\\1\,0\,0\end{pmatrix}$$

그러므로 다음을 알 수 있다.

$$S \circ R=\{(a, l), (b, n), (c, l)\}$$

또한 화살표 도표를 이용하여 구해보자.

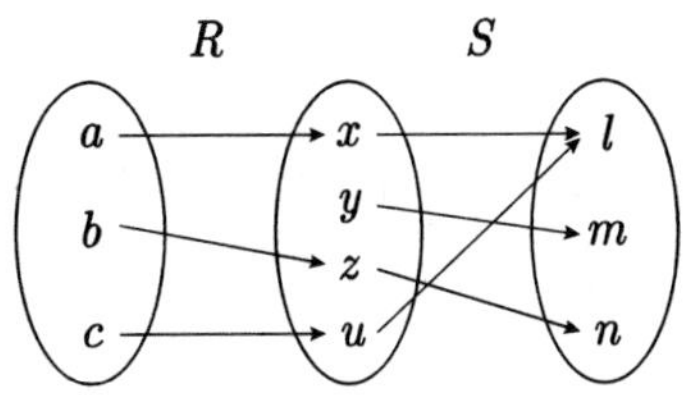

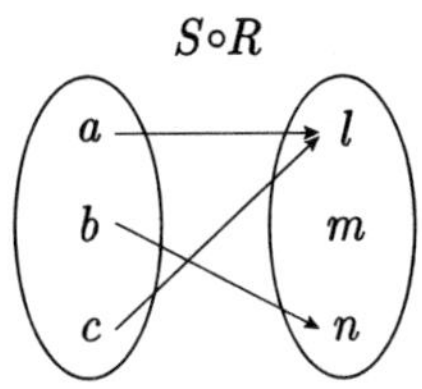

예제 3 $A=\{1,2,3,4,5\}$이고 A에서의 관계는 다음과 같다.

$$R=\{(1,1),(1,2),(2,3),(3,4),(3,5),(4,5)\}$$

$R \circ R$을 구하시오.

풀이 $R \circ R$은 다음과 같다.

$$R \circ R=\{(1,1),(1,2),(1,3),(2,4),(2,5),(3,5)\}$$

또한 $R \circ R=R^2$으로 나타낸다. ❑

예제 4 $A=\{1,2,3,4,5\}$이고 A에서의 관계는 다음과 같다.

$$R=\{(1,1),(1,2),(2,3),(3,4),(3,5),(4,5)\}$$

R^∞를 구하시오. 단, $R^\infty=R\cup R^2\cup R^3\cup \cdots$을 의미한다.

풀이 R^∞은 다음과 같다.

$R^\infty=\{(1,1),(1,2),(1,3),(1,4),(1,5),(2,3),(2,4),(2,5),(3,4),(3,5),(4,5)\}$ ❑

다음은 임의의 관계의 역관계에 대해서 알아보자.

정의

집합 A에서 집합 B로의 관계 R에 대해서 역관계 R^{-1}는 집합 B에서 집합 A로의 관계로 정의한다. 즉 다음과 같다.

$$R^{-1} = \{(b,a) \mid (a,b) \in R\}$$

예제 5 $A = \{1, 2, 3, 4, 5\}$이고 A에서의 관계는 다음과 같다.

$$R = \{(1, 1), (1, 2), (2, 3), (3, 4), (3, 5), (4, 5)\}$$

이 때 역관계 R^{-1}를 구하시오.

풀이 역관계 R^{-1}는 다음과 같다.

$$R^{-1} = \{(1, 1), (2, 1), (3, 2), (4, 3), (5, 3), (5, 4)\}$$

관계 R, R^{-1}에 대한 관계행렬 M_R, $M_{R^{-1}}$은 다음과 같다.

$$M_R = \begin{pmatrix} 1\,1\,0\,0\,0 \\ 0\,0\,1\,0\,0 \\ 0\,0\,0\,1\,1 \\ 0\,0\,0\,0\,1 \\ 0\,0\,0\,0\,0 \end{pmatrix}, \quad M_{R^{-1}} = \begin{pmatrix} 1\,0\,0\,0\,0 \\ 1\,0\,0\,0\,0 \\ 0\,1\,0\,0\,0 \\ 0\,0\,1\,0\,0 \\ 0\,0\,1\,1\,0 \end{pmatrix}$$

❑

위 식에서 다음을 알 수 있다.

$M_{R^{-1}} = M_R^T$ 단, M_R^T는 M_R의 전치행렬(transpose matrix)을 의미한다.

예제 6 $A = \{2, 3, 4, 5, 6\}$이고 A에서의 관계는 다음과 같다.

$$nRm \iff n \mid m$$

이 때 관계 R과 역관계 R^{-1}를 구하시오.

풀이 $R = \{(2, 2), (2, 4), (2, 6), (3, 3), (3, 6), (4, 4), (5, 5), (6, 6)\}$이고 $R^{-1} = \{(2, 2), (4, 2), (6, 2), (3, 3), (6, 3), (4, 4), (5, 5), (6, 6)\}$임을 알 수 있다. ❑

정리 1

A에서 B로의 관계 R, B에서 C로의 관계 S, 그리고 A에서 C로의 관계 $S \circ R$에 대해서 다음이 성립한다.

$$(S \circ R)^{-1} = R^{-1} \circ S^{-1}$$

예제 7 $A = \{1, 2, 3, 4, 5\}$, $B = \{a, b, c, d\}$, $C = \{p, q, r, s\}$이고 $R = \{(1, a), (2, d), (3, a), (5, a)\}$, $S = \{(b, q), (c, r), (d, r)\}$인 경우 $(S \circ R)^{-1} = R^{-1} \circ S^{-1}$이 성립함을 증명하시오.

풀이 $R^{-1} = \{(a, 1), (d, 2), (a, 3), (a, 5)\}$, $S^{-1} = \{(q, b), (r, c), (r, d)\}$에서 다음을 알 수 있다.

$$R^{-1} \circ S^{-1} = (S \circ R)^{-1} = \{(r, 2)\}$$

❑

예제 8 자연수 전체의 집합 N에서의 관계 R을 다음과 같이 정의하자.

$$nRm \iff n < m, \ \forall n, m \in N$$

그러므로 다음을 알 수 있다.

$$nR^{-1}m \iff n > m, \ \forall n, m \in N$$

$R \circ R^{-1}$, $R^{-1} \circ R$을 구하시오.

풀이
$$\begin{aligned} R \circ R^{-1} &= \{(x, y) \mid (x, b) \in R^{-1}, \ (b, y) \in R\} \\ &= \{(x, y) \mid x > b, \ y > b\} \\ &= \{(x, y) \mid x \neq 1, \ y \neq 1\} \end{aligned}$$

$$\begin{aligned} R^{-1} \circ R &= \{(x, y) \mid (x, b) \in R, \ (b, y) \in R^{-1}\} \\ &= \{(x, y) \mid x < b, \ y < b\} \\ &= N \times N \end{aligned}$$

❑

3.4 부분순서관계

정의

집합 A에서의 이항관계 R에 대해서 $aRb,\ bRa \Rightarrow a=b,\ \forall\, a, b \in A$이 성립하면 관계 R은 반대칭적(anti-symmetric)이라 한다.

예제 1 정수 전체의 집합 Z에서의 관계 R을 다음과 같이 정의하자.

$$nRm \quad \Leftrightarrow \quad n=m,\ \forall\, n, m \in Z$$

집합 Z에서의 관계 R은 반대칭적이다.

풀이 모든 $m,n \in Z$에 대해서 $nRm,\ mRn \Rightarrow m=n$이 성립함으로 R은 반대칭적이다. ❑

예제 2 정수 전체의 집합 Z에서의 관계 R을 다음과 같이 정의하자.

$$nRm \quad \Leftrightarrow \quad n \le m,\ \forall\, n, m \in Z$$

집합 Z에서의 관계 R은 반대칭적이다.

풀이 모든 $m, n \in Z$에 대해서 $nRm,\ mRn \Rightarrow m=n$이 성립함으로 R은 반대칭적이다. ❑

예제 3 임의의 집합 X의 모든 부분집합의 집합인 $P(X)$에서의 관계 R을 다음과 같이 정의하자.

$$nRm \quad \Leftrightarrow \quad n \subseteq m,\ \forall\, n, m \in P(X)$$

집합 $P(X)$에서의 관계 R은 반대칭적이다.

풀이 모든 $m, n \in P(X)$에 대해서 $nRm,\ mRn \Rightarrow m=n$이 성립함으로 R은 반대칭적이다. ❑

예제 4 정수 전체의 집합 Z에서의 관계 R을 다음과 같이 정의하자.

$$nRm \quad \Leftrightarrow \quad n|m,\ \forall\, n,m \in Z$$

집합 Z에서의 관계 R은 반대칭적이 아니다.

풀이 $$2 | -2,\ \ -2 | 2 \ \Rightarrow\ 2 \neq -2$$ □

정의

집합 A에서의 이항관계 R이 반사적, 반대칭적, 추이적일 때 관계 R을 부분순서관계(partially ordered relation)라 하고 집합 A를 부분순서집합(partially ordered set)이라 한다.

예제 5 $A = \{2, 4, 6, 8, 10, 12\}$에서의 관계 R을 다음과 같이 정의하자.

$$nRm \quad \Leftrightarrow \quad n | m,\ \forall n, m \in A$$

풀이 관계 R을 부분순서관계이고 집합 A를 부분순서집합이다.

이를 다음과 같이 나타낼 수 있고 하세 다이어그램(Hasse Diagram)이라 한다.

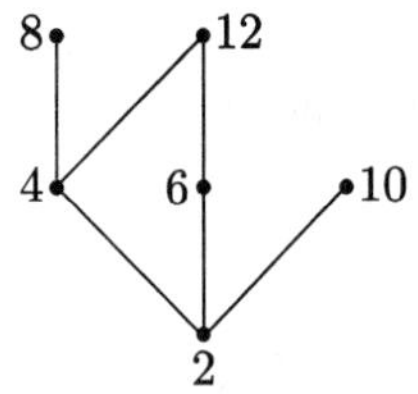

□

예제 6 다음을 알 수 있다.

원소 1개인 부분순서집합이다.

원소 2개인 부분순서집합이다.

원소 3개인 부분순서집합이다.

예제 7 집합 $X=\{a,b,c\}$의 모든 부분집합의 집합인
$P(X)=\{\varnothing,\{a\},\{b\},\{c\},\{a,b\},\{a,c\},\{b,c\},X\}$에서의 관계 R을 다음과 같이 정의하자.

$$nRm \quad \Leftrightarrow \quad n \subseteq m, \ \ \forall n, m \in P(X)$$

집합 $P(X)$에서의 관계 R의 하세 다이어그램을 구하시오.

풀이

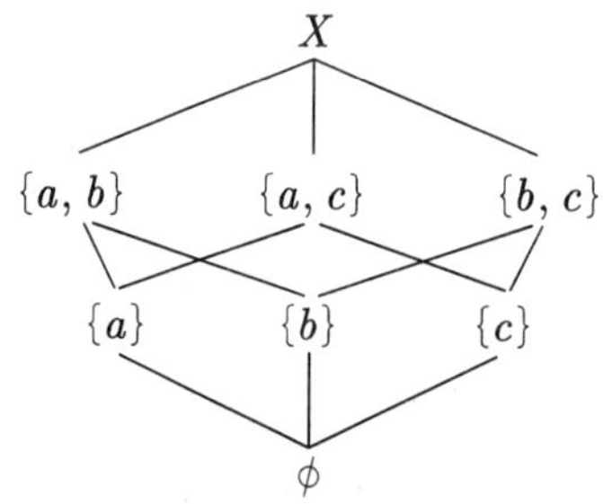

❑

정의

부분순서집합 X와 $A \subseteq X$에 대해서 다음이 성립하면 $x \in X$를 A의 상계(upper bound)라 한다.

$$\forall a \in A, \quad a \le x$$

또한, 부분순서집합 X와 $A \subseteq X$에 대해서 다음이 성립하면 $x \in X$를 A의 상한(least upper bound)이라 한다.

$$x_i \ : \text{모든 } A\text{의 상계} \ \Rightarrow \ x \le x_i$$

정의

부분순서집합 X와 $A \subseteq X$에 대해서 다음이 성립하면 $y \in X$를 A의 하계(lower bound)라 한다.

$$\forall a \in A, \quad y \le a$$

또한, 부분순서집합 X와 $A \subseteq X$에 대해서 다음이 성립하면 $y \in X$를 A의 하한(greatest lower bound)이라 한다.

$$x_i \ : \text{모든 } A\text{의 하계} \ \Rightarrow \ x_i \le y$$

예제 8 다음을 구하시오.

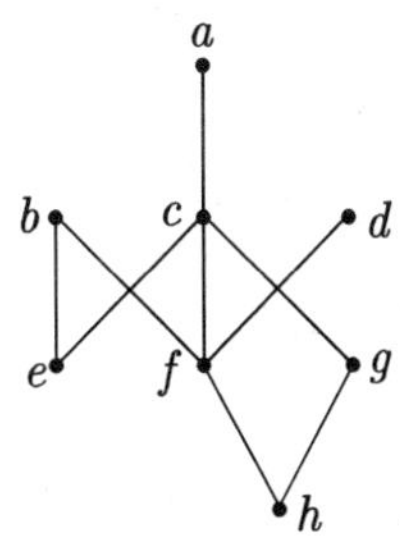

(1) $A=\{f, g\}$의 상계를 구하시오.

(2) $B=\{e, f\}$의 상한을 구하시오.

(3) $C=\{e, f\}$의 상계를 구하시오.

(4) $D=\{b, c\}$의 하계를 구하시오.

(5) $D=\{b, c\}$의 하한를 구하시오.

풀이 (1) $A=\{f, g\}$의 상계는 $\{a, c\}$

(2) $B=\{e, f\}$ 의 상한은 존재하지 않는다.

(3) $C=\{e, f\}$의 상계는 $\{a, b, c\}$

(4) $D=\{b, c\}$의 하계는 $\{e, f, h\}$

(5) $D=\{b, c\}$의 하한은 존재하지 않는다. ❑

예제 9 다음을 구하시오.

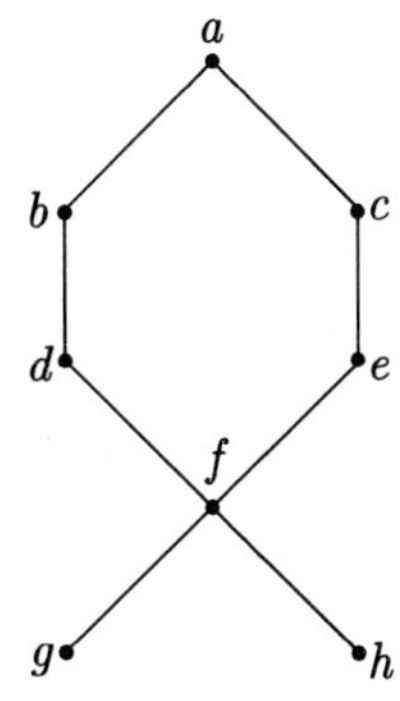

(1) $A=\{d, f, e\}$의 상계를 구하시오.

(2) $A=\{d, f, e\}$의 상한를 구하시오.

(3) $A=\{d, f, e\}$의 하계를 구하시오.

(4) $A=\{d, f, e\}$의 하한를 구하시오.

풀이 (1) $A=\{d, f, e\}$의 상계 : $\{a\}$

(2) $A=\{d, f, e\}$의 상한 : $\{a\}$

(3) $A=\{d, f, e\}$의 하계 : $\{f, g, h\}$

(4) $A=\{d, f, e\}$의 하한 : $\{f\}$ □

예제 10 $B=\{\pm 1, \pm 2, \pm 3, \pm 6\}$이고 B에서의 관계R은 다음과 같다.

$$aRb \Leftrightarrow a|b$$

(1) $A=\{2, 3\}$의 상한를 구하시오.

(2) $C=\{-6, 15\}$ 하한을 구하시오.

풀이 (1) $A=\{2, 3\}$의 상한 : $\{-6, 6\}$

(2) $C=\{-6, 15\}$ 하한 : $\{-3, 3\}$ □

정의

부분순서집합 L의 임의의 두 원소에 대해서 한 개의 상한과 한 개의 하한이 존재할 때 L을 격자(lattice)라 하고 $a, b \in L$에 대해서

a, b의 상한을 $a \vee b$로 나타내고 a, b의 join이라 하고

a, b의 하한을 $a \wedge b$로 나타내고 a, b의 meet라 한다.

예제 11 $B=\{x|x>o, x|30\}$이고 B에서의 관계 R은 다음과 같다.

$$aRb \Leftrightarrow a|b$$

그 결과 하세 다이어그램은 다음과 같다.

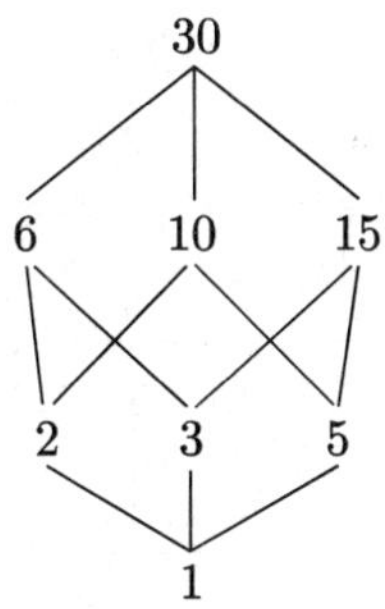

a,b의 상한을 $\text{lcm}(a,\ b)$, a,b의 하한을 $\gcd(a,b)$로 정의하면 다음은 격자이다.

$$B=\{x|x>o,\ x|30\}$$

풀이 ‖ $B=\{x|x>o,\ x|30\}$ 의 임의의 두 원소 6,15에 대해서 다음이 성립한다.

$$6,15\text{의 상한}=30=\text{lcm}(6,\ 15)$$
$$6,15\text{의 하한}=3=\gcd(6,\ 15)$$ ❑

예제 12 집합 $X=\{a,b,c\}$의 모든 부분집합의 집합인 $P(X)=\{\varnothing,\{a\},\{b\},\{c\},\{a,b\},\{a,c\},\{b,c\},X\}$에서의 관계 R을 다음과 같이 정의하자.

$$nRm \quad \Leftrightarrow \quad n\subseteq m,\ \ \forall\, n,m\in P(X)$$

A,B의 상한을 $A\cup B$, A,B의 하한을 $A\cap B$로 정의하면 다음은 격자이다.

$$P(X)=\{\varnothing,\{a\},\{b\},\{c\},\{a,b\},\{a,c\},\{b,c\},X\}$$

풀이 ‖ $P(X)=\{\varnothing,\{a\},\{b\},\{c\},\{a,b\},\{a,c\},\{b,c\},X\}$의 임의의 두 원소 $\{a,b\}$, $\{a,c\}$에 대해서 다음이 성립한다.

$$\{a,\ b\},\ \{a,\ c\}\text{의 상한}=X=A\cup B$$
$$\{a,\ b\},\ \{a,\ c\}\text{의 하한}=\{a\}=A\cap B$$ ❑

정리 1

격자 L에 대해서 다음이 성립한다.

(1) 교환 법칙

$a \wedge b = b \wedge a$

$a \vee b = b \vee a$

(2) 결합 법칙

$(a \wedge b) \wedge c = a \wedge (b \wedge c)$

$(a \vee b) \vee c = a \vee (b \vee c)$

(3) 흡수 법칙

$a \wedge (a \vee b) = a$

$a \wedge (a \wedge b) = a$

정리 2

격자 L에 대해서 관계 R을 다음과 같이 정의하자.

$$nRm \quad \Leftrightarrow \quad n \wedge m = n, \ \forall n, m \in L$$

그 결과 관계 R은 부분순서관계이다.

증명 $n \wedge n = n$이므로 nRn을 만족한다.

$nRm,\ mRn \quad \Rightarrow \quad n \wedge m = n,\ m \wedge n = n \quad \Rightarrow \quad n = m$

$nRm,\ mRp \ \Rightarrow \ n \wedge m = n,\ m \wedge p = m$에서 다음을 알 수 있다.

$$n \wedge p = (n \wedge m) \wedge p = n \wedge (m \wedge p) = n \wedge m = n.$$

그 결과 관계 R은 부분순서관계이다. ❑

정리 3

격자 L에 대해서 다음이 성립한다.

$$a \wedge b = a \quad \Leftrightarrow \quad a \vee b = b$$

증명 먼저 $a \wedge b = a$임을 가정하자.

그 결과 다음을 만족한다.

$$b = b \vee (b \wedge a) = b \vee a = a \vee b.$$

다음은 $a \vee b = b$임을 가정하자.

그 결과 다음을 만족한다.

$$a = a \wedge (a \vee b) = a \wedge b. \qquad \square$$

예제 13 다음은 격자이다.

원소가 1개인 격자

원소가 2개인 격자

원소가 3개인 격자

원소가 4개인 격자

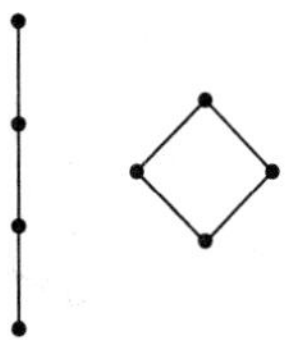

원소가 5개인 격자

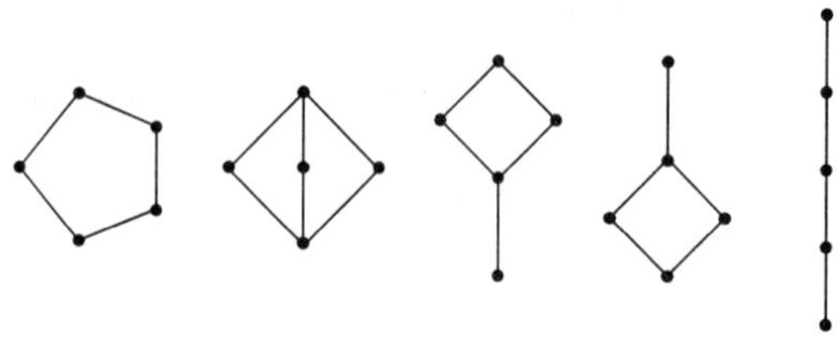

예제 14 다음은 격자가 아니다.

(1) 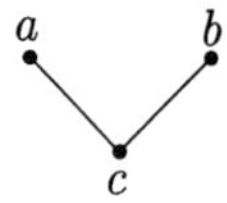

a, b 의 하한은 존재하지만 a, b 의 상한은 존재하지 않는다.

(2) 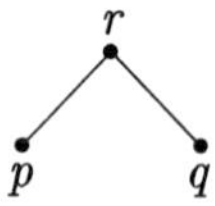

p, q 의 상한은 존재하지만 p, q 의 하한은 존재하지 않는다.

(3) 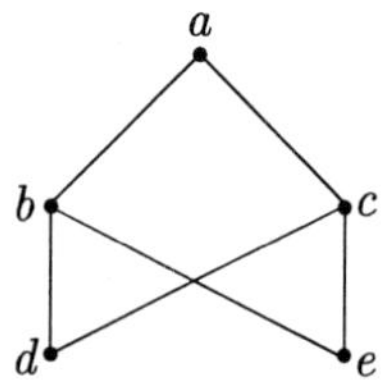

b, c 의 상한은 존재한다. b, c 의 하한은 존재하지만 유일하지 않으므로 격자가 아니다.

정의

격자 L에 대해서 다음이 성립하면 유계격자라 한다.

$$a \vee 0 = a,\ \ a \wedge 1 = a \quad \forall a \in L$$

0을 zero, 1을 unit이라 한다.

예제 15 자연수 전체의 집합 N에서의 관계 R을 다음과 같이 정의하자.

$$nRm \quad \Leftrightarrow \quad n \leq m,\ \ \forall n, m \in N$$

집합 N은 유계격자가 아니다.

풀이 zero는 1이지만 unit은 존재하지 않는다. ❑

예제 16 정수 전체의 집합 Z에서의 관계 R을 다음과 같이 정의하자.

$$nRm \quad \Leftrightarrow \quad n \leq m,\ \ \forall n, m \in Z$$

집합 Z는 유계격자가 아니다.

풀이 zero와 unit 모두 존재하지 않는다. ❑

정의

격자 L에 대해서 다음이 성립하면 분배격자라 한다.

$$a \wedge (b \vee c) = (a \wedge b) \vee (a \wedge c)$$
$$a \vee (b \wedge c) = (a \vee b) \wedge (a \vee c)$$

그렇지 않으면 비분배격자라 한다.

예제 17 다음은 비분배격자이다.

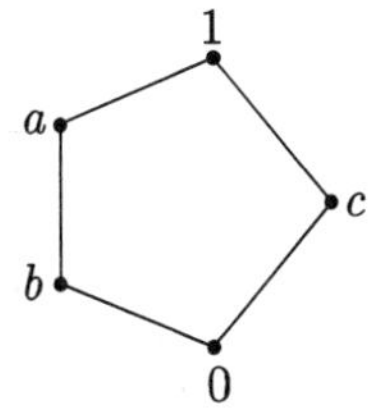

풀이 $$a \wedge (b \vee c) = a \wedge 1 = a.$$

그러나 다음을 알 수 있다.

$$(a \wedge b) \vee (a \wedge c) = b \vee 0 = b.$$

즉 다음과 같다.

$$a \wedge (b \vee c) \neq (a \wedge b) \vee (a \wedge c)$$ ❑

예제 18 다음은 비분배격자이다.

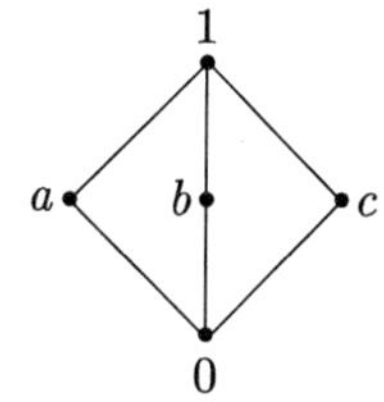

풀이 $$a \vee (b \wedge c) \equiv a \vee 0 = a$$

그러나 다음을 알 수 있다.

$$(a \vee b) \wedge (a \vee c) = 1 \wedge 1 = 1$$

즉 다음과 같다.

$$a \vee (b \wedge c) \neq (a \vee b) \wedge (a \vee c)$$ ❑

정의

유계격자 L에 대해서 다음이 성립하면 $a' \in L$을 $a \in L$의 보원이라 한다.

$$a \wedge a' = 0, \;\; a \vee a' = 1$$

유계격자 L의 모든 원소가 보원인 격자를 보격자라 한다.

예제 19 다음은 보격자이다.

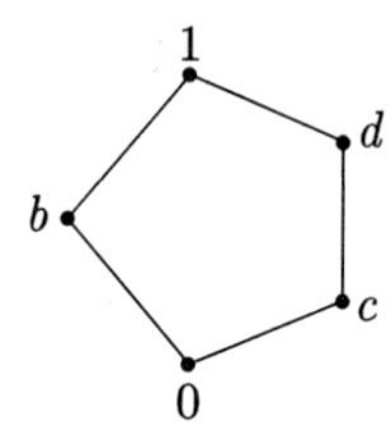

풀이 0의 보원은 1이고 1의 보원은 0임을 알 수 있다.

b의 보원은 c와 d이다. 또한 c의 보원은 b이고, d의 보원 역시 b임을 알 수 있다. ❑

예제 20 다음은 보격자이다.

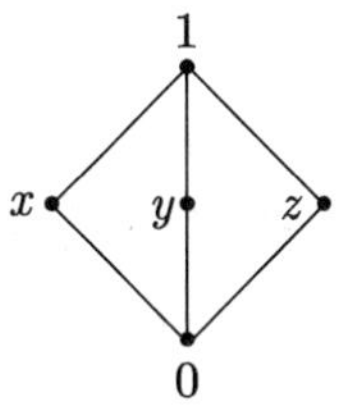

풀이 0의 보원은 1이고 1의 보원은 0임을 알 수 있다.

x의 보원은 y, z이고, y의 보원은 x, z이고, z의 보원은 x, y임을 알 수 있다. ❑

정리 4

L이 유계인 분배격자인 경우 보원은 유일하다.

증명 $a \in L$의 보원을 b, c라 하자. 즉, 다음이 성립한다.

$$a \vee b = 1,\ a \wedge b = 0 \text{ 그리고 } a \vee c = 1,\ a \wedge c = 0$$

L이 분배격자이므로 다음을 알 수 있다.

$$b = b \vee 0 = b \vee (a \wedge c) = (b \vee a) \wedge (b \vee c) = 1 \wedge (b \vee c) = b \vee c$$
$$c = c \vee 0 = c \vee (a \wedge b) = (c \vee a) \wedge (b \vee c) = 1 \wedge (b \vee c) = b \vee c$$

그 결과 다음과 같다.

$$b = c$$ ❑

연습문제

01. $A = \{1, 2, 3\}$, $B = \{a, b, c\}$인 경우 다음을 구하시오.

(1) $A \times B$ (2) $B \times A$

(3) $A \times A$ (4) $B \times B$

02. $A = \{1, 2, 3, 4\}$이고 R, S는 A에서의 관계이고 다음과 같다.

$R = \{(1, 1), (1, 3), (1, 4), (2, 2), (2, 4), (3, 4)\}$

$S = \{(1, 2), (1, 3), (2, 1), (2, 2), (2, 3), (2, 4), (4, 4)\}$

이 때 다음을 구하시오

(1) R^{-1} (2) S^{-1}

(3) $R \cap S$ (4) $R \cup S$

03. $A = \{a, c, e\}$, $B = \{b, d, f\}$이고 S, T는 A에서 B로의 관계이고 다음과 같다.

$S = \{(a, b), (a, d), (a, f), (e, b), (e, f)\}$

$T = \{(a, f), (c, b), (c, d), (c, f), (e, d), (e, f)\}$

이 때 다음을 구하시오.

(1) S^{-1} (2) T^{-1}

(3) $S \cap T$ (4) $S \cup T$

04. $A = \{1, 2, 3, 4\}$이고 A에서의 관계는 다음과 같다. 다음 관계의 반사적, 대칭적, 추이적 여부를 구하시오.

(1) $R_1 = \{(1, 1), (2, 2), (3, 3)\}$

(2) $R_2 = \{(2, 2), (2, 3), (3, 2), (3, 3)\}$

(3) $R_3 = \{(1, 1), (2, 2), (3, 3), (4, 4), (1, 3), (3, 1)\}$

05. $A=\{1, 2, 3, 4\}$이고 관계 R은 다음과 같다.

$R=\{(1, 4), (2, 2), (2, 3), (3, 2), (3, 3), (4, 2), (4, 3)\}$

이 때 다음을 구하시오.

(1) R^{-1} (2) $R \circ R$

06. $A=\{1, 2, 3, 4\}$이고 A에서의 관계 R, S는 다음과 같다.

$R=\{(2, 2), (2, 3), (3, 2), (3, 3), (4, 1), (4, 2)\}$

$S=\{(1, 1), (2, 2), (3, 3), (4, 4), (1, 3), (3, 1)\}$

이 때 다음을 구하시오.

(1) $R \circ S$ (2) $S \circ R$

(3) $R \circ R$ (4) $S \circ S$

07. $A=\{1, 2, 3\}$이고 A에서의 관계 R, S, T는 다음과 같다.

$R=\{(1, 2), (2, 1), (2, 2), (2, 3), (3, 2), (3, 3)\}$

$S=\{(1, 1), (1, 2), (1, 3), (2, 2), (3, 1), (3, 3)\}$

$T=\{(1, 2), (1, 3), (2, 2), (2, 3), (3, 1), (3, 2)\}$

$(R \circ S) \circ T = R \circ (S \circ T)$임을 증명하시오.

08. $A=\{1, 2, 3, 4\}$이고 A에서의 관계는 다음과 같다. 다음 관계의 반사적, 대칭적, 추이적 여부를 구하시오.

(1) $aRb \Leftrightarrow a+b=4$

(2) $aSb \Leftrightarrow a \equiv b(\mathrm{mod}2)$

(3) $aTb \Leftrightarrow a<b$

(4) $aUb \Leftrightarrow a+b<5$

(5) $aVb \Leftrightarrow \min\{a,b\}=2$

09. 집합 A에서의 관계 R에 대해서 다음을 증명하시오.

R이 대칭적일 필요충분조건은 $R=R^{-1}$이다.

10. S, T는 A에서 B로의 관계인 경우 다음을 증명하시오.

(1) $(S \cup T)^{-1} = S^{-1} \cup T^{-1}$

(2) $(S \cap T)^{-1} = S^{-1} \cap T^{-1}$

11. S, T는 A에서의 반사적 관계인 경우 $S \cup T$의 반사적 여부를 구하시오.

12. S, T는 A에서의 대칭적 관계인 경우 $S \cup T$의 대칭적 여부를 구하시오.

13. S, T는 A에서의 추이적 관계인 경우 $S \cup T$의 추이적 여부를 구하시오.

14. 반사적은 아니지만 대칭적인 관계의 예를 구하시오.

15. 추이적은 아니지만 대칭적인 관계의 예를 구하시오.

16. $A = \{1, 2, 3\}$이고 A에서의 관계는 다음과 같은 경우 관계를 순서쌍의 집합으로 나타내시오.

(1) $aRb \Leftrightarrow a \le b$
(2) $aRb \Leftrightarrow a > b$
(3) $aRb \Leftrightarrow a = b$
(4) $aRb \Leftrightarrow ab = b$
(5) $aRb \Leftrightarrow a^2 + b^2 > 5$

17. Z에서 관계는 다음과 같다. 다음 관계의 동치관계 여부를 구하시오.

(1) $aRb \Leftrightarrow ab = 0$

(2) $aRb \Leftrightarrow ab > 0$

(3) $aRb \Leftrightarrow a \le b$

18. $A = \{1, 2, 3\}$, $B = \{a, b, c, d\}$이고 A에서 B로의 관계 R, S는 다음과 같다.

$R = \{(1, a), (1, c), (2, b), (3, a), (3, d)\}$

$S = \{(1, b), (2, a), (2, d), (3, b), (3, c)\}$

이 때 다음을 구하시오.

(1) $(R \cap S) \circ R^{-1}$　　(2) $R \circ R^{-1} \cap S \circ R^{-1}$

(3) $S \circ (R^{-1} \cup S^{-1})$　　(4) $S \circ R^{-1} \cup S \circ S^{-1}$

19. $A = \{1, 2, 3\}$이고 A에서의 관계 R은 다음과 같다.

$R = \{(1, 1), (1, 2), (1, 3), (3, 2)\}$

이 때 다음을 구하시오.

(1) $R \circ R$　　(2) R^{∞}

Chapter_ 4

함수

4.1 함수

함수는 관계의 특수한 개념으로 두 집합 사이의 대응규칙이다. 또한 함수의 개념은 수학의 여러 분야에 적용되고 있다.

정의

집합 A에서 집합 B로의 함수 $f: A \to B$는 다음을 만족한다.

(1) 모든 $a \in A$에 대해서 $f(a) = b$를 만족하는 $b \in B$가 존재한다.

(2) $a_1 = a_2$이면 $f(a_1) = f(a_2)$이다.

정의

집합 A에서 집합 B로의 함수 $f: A \to B$는 다음을 만족하는 집합 A에서 집합 B로의 관계 R이다.

(1) 모든 $a \in A$에 대해서 $(a, b) \in R$

(2) $(a, b),\ (a, c) \in R \ \Rightarrow \ b = c$

함수 $f: A \to B$에서 A를 함수 f의 정의역(domain)이라 하고 $Dom(f)$로 나타낸다. B를 함수 f의 공변역(codomain)이라 하고 $Cod(f)$로 나타낸다.

정의역의 한 원소를 공변역의 한 원소로 대응시키는 것을 사상(mapping)이라 한다. 함수 f의 치역(range)은 $Ran(f)$로 나타내고 다음과 같다.

$$f[A] = \{f(a) \mid a \in A\}$$

예제 1 정의역이 구간 $[-5,\ 5]$이고, $f(x) = x^2 + 2$인 경우 다음의 값을 구하시오.

(a) $f(-\pi)$ (b) $f(0)$ (c) $f(\sqrt{3})$

풀이 (a) $f(-\pi) = (-\pi)^2 + 2 = \pi^2 + 2$

(b) $f(0) = 2$

(c) $f(\sqrt{3}) = (\sqrt{3})^2 + 2 = 5$ ❑

예제 2 $h(x) = x^2 - 4x - 1$일 때 다음을 구하시오.

(a) $h(1)$ (b) $h(1+a)$

(c) $h(1+a) - h(1)$ (d) $\{h(1+a) - h(1)\} \cdot \dfrac{1}{a}$

풀이 (a) $h(1) = 1^2 - 4 \cdot 1 - 1 = -4$

(b) $h(1+a) = (1+a)^2 - 4(1+a) - 1 = (1+a)(1+a-4) - 1$

$= (a+1)(a-3) - 1 = a^2 - 2a - 4$

(c) $h(1+a) - h(1) = a^2 - 2a$

(d) $\{h(1+a) - h(1)\} \cdot \dfrac{1}{a} = a - 2$ ❑

함수에서 사상이 중요하지만 정의역에 따라서 사상 자체가 무의미할 수도 있다. 그래서 정의역이 정의되지 않은 함수에서 사상이 의미 있도록 만드는 실수의 부분집합을 자연 정의역(natural domain)이라 한다.

예제 3 다음 함수의 자연 정의역을 구하시오.

(a) $f(x) = \dfrac{1}{x}$ (b) $h(x) = \sqrt{x^2 - 9}$

풀이 (a) $Dom(f)=\{x \in \mathbb{R} \mid x \neq 0\}$. 왜냐하면 $x=0$인 경우 $f(0)=\frac{4}{0}$가 되어 $f(0)$이 존재하지 않기 때문에 $x=0$은 정의역에서 제외되어야 한다.

(b) $Dom(h)=\{x \in \mathbb{R} \mid x \leq -3$ 또는 $x \geq 3\}$. 왜냐하면 $h(x)$의 값이 실수 값이 되기 위해서 $x^2-9 \geq 0$을 만족해야 한다. 이 부등식의 해를 구하면 다음과 같다.

$$(-\infty, -3] \cup [3, \infty)$$

❑

정의

$g: X \to Y$ 그리고 $C \subseteq X$, $D \subseteq Y$에 대하여 C에 대한 f의 순상(direct image)을 다음과 같이 나타낸다.

$$f[C]=f(c) \mid c \in C$$

그리고 D에 대한 f의 역상(inverse image)을 다음과 같이 나타낸다.

$$f^{-1}[D]=\{c \in X \mid f(c) \in D\}$$

예제 4 함수 $f:\{1, 2, 3\} \to \{a, b, c\}$는 다음과 같이 정의한다.

$$f(1)=a, \quad f(2)=f(3)=b$$

$C=\{1, 2\}$인 경우 $f[C]=\{a, b\}$이고 $f^{-1}[f[C]]=\{1, 2, 3\}$이므로 다음과 같다.

$$C \subseteq f^{-1}[f[C]]$$

$D=\{b, c\}$인 경우 $f^{-1}[D]=\{2, 3\}$이고 $f[f^{-1}[D]]=\{b\}$이므로 다음과 같다.

$$f[f^{-1}[D]] \subseteq D$$

정의

두 함수 f, g에 대해서 다음을 만족하면 $f=g$라고 한다.

(a) $Dom(f)=Dom(g)$

(b) $Cod(f)=Cod(g)$

(c) $f(a)=g(a), \ \forall a \in Dom(f)=Dom(g)$

예제 5 $f:N \to N$이고 $f(x)=x$, $g:R \to R$이고 $g(x)=x$인 경우 $f(x)=g(x)$를 만족하지만 $f \neq g$임을 알 수 있다.

정의

정의역이 자연수인 함수를 수열(sequence)이라 한다.

정의

실 수열은 정의역이 자연수 $\mathbb{N}$이고 공변역이 실수 $\mathbb{R}$인 다음과 같은 함수이다.

$$\begin{aligned} a : \mathbb{N} &\to \mathbb{R} \\ 1 &\mapsto a(1) \equiv a_1 \\ &\vdots \\ n &\mapsto a(n) \equiv a_n \end{aligned}$$

$a_1, a_2, \cdots, a_n$; 수열의 원소 또는 수열의 값 또는 수열의 항이라 한다.

a, (a_n), $(a_n :\ n \in \mathbb{N})$으로 표시하고 또는 X, (x_n), $(x_n :\ n \in \mathbb{N})$으로 표시한다.

예제 6 짝수의 수열을 구하시오.

$$X=(\cdots, -2,\ 0,\ 2,\ 4,\ \cdots)=(2n :\ n \in Z)$$

예제 7 자연수의 역수의 수열을 구하시오.

$$Y=\left(\frac{1}{1}, \frac{1}{2}, \frac{1}{3}, \cdots\right)=\left(\frac{1}{n} :\ n \in \mathbb{N}\right)$$

예제 8 수열의 원소가 모두 3인 수열을 구하시오.

$$Z=(3, 3, 3, \cdots, 3, 3, \cdots)$$

예제 9 다음 수열의 초항부터 제4항까지 구하시오.

(1) $(3-\frac{2}{n})$ (2) $(-1)^n\frac{1}{n}$

(3) $\dfrac{2n-1}{n^2}$ (4) $\dfrac{(-1)^{n+1}(n+1)}{n^3}$

정의

$x_1, x_2, \cdots, x_n$ 으로 부터 x_{n+1} 을 얻는 공식을 점화식이라 한다.

정의

피보나치 수열 $F=(f_n:\ n\in\mathbb{N})$는 다음과 같은 점화식으로 정의한다.

$$f_1=1, f_2=1, f_{n+1}=f_{n-1}+f_n (n\geq 2)$$

즉, 피보나치 수열은 다음과 같다.

$$F=(1, 1, 2, 3, 5, 8, 13, \cdots)$$

정리 1

피보나치 수열 $F=(f_n:\ n\in\mathbb{N})$에 대해서 다음이 성립한다.

$$\lim_{n\to\infty}\frac{f_{n+1}}{f_n}=\frac{1+\sqrt{5}}{2}$$

정의

$X=(x_n)$, $Y=(y_n)$이 실수열일 때 다음과 같이 정의한다. 단, c는 상수이다.

(1) $c\cdot X=(cx_n:\ n\in\mathbb{N})$

(2) $X+Y=(x_n+y_n:\ n\in\mathbb{N})$

(3) $X-Y=(x_n-y_n:\ n\in\mathbb{N})$

(4) $X\cdot Y=(x_n\cdot y_n:\ n\in\mathbb{N})$

(5) $\dfrac{X}{Y}=(\dfrac{x_n}{y_n}:\ n\in\mathbb{N})$ 단, $y_n\neq 0$

예제 10 $X=(2, 4, 6, 8, 2n, \cdots)$, $Y=\left(\frac{1}{1}, \frac{1}{2}, \frac{1}{3}, \cdots, \frac{1}{n}, \cdots\right)$일 때 다음을 구하시오.

(a) $X+Y$ (b) $X-Y$

(c) $X \cdot Y$ (d) $3X$

(e) X/Y (f) $-2Y$

풀이 (a) $X+Y=\left(3, 4\frac{1}{2}, 6\frac{1}{3}, \cdots, 2n\frac{1}{n}, \cdots\right)$

(b) $X-Y=\left(1, 3\frac{1}{2}, 5\frac{2}{3}, \cdots, 2n-\frac{1}{n}, \cdots\right)$

(c) $X \cdot Y=(2, 2, 2, \cdots, 2, \cdots)$

(d) $3X=(6, 12, 18, \cdots, 6n, \cdots)$

(e) $X/Y=(2, 8, 18, \cdots, 2n^2, \cdots)$

(f) $-2Y=\left(\frac{-2}{1}, \frac{-2}{2}, \frac{-2}{3}, \cdots, \frac{-2}{n}, \cdots\right)$ ❑

4.2 우함수와 기함수

우함수와 기함수는 정적분의 계산에 많이 적용된다. 우함수와 기함수의 특징에 대해서 알아보자.

정의

y축에 대칭인 함수를 우함수(even function)라고 한다.
즉, $y=f(x)$에서 다음의 관계를 만족하는 함수이다.

$$f(x)=f(-x)$$

예제 1 $f(x)=3x^2-1$은 우함수이다.

풀이 $f(x)=3x^2-1$는 다음을 만족한다.

$$f(-x) = 3(-x)^2 - 1 = 3x^2 - 1 = f(x)$$

x의 짝수 제곱들의 합인 함수가 우함수이므로 even이라는 말을 사용했다. ❑

정의

원점 대칭인 함수를 기함수(odd function)라고 한다.
$y = f(x)$에서 다음의 관계를 만족하는 함수이다.

$$-f(x) = f(-x)$$

예제 2 $f(x) = 2x^5 + 4x$는 기함수이다.

풀이 다음이 성립함을 알 수 있다.

$$-f(x) = -(2x^5 + 4x) = -2x^5 - 4x$$

$$f(-x) = 2(-x)^5 + 4(-x) = -2x^5 - 4x$$

그 결과 $f(x) = 2x^5 + 4x$는 다음을 만족한다.

$$-f(x) = f(-x)$$

x의 홀수제곱들의 합인 함수가 기함수이므로 odd라는 말을 사용했다. ❑

예제 3 다음은 우함수이다.

절대값 함수 $f(x) = |x|$, 즉

$$|x| = \begin{cases} x, & x \geq 0 \\ -x, & x < 0 \end{cases}$$

풀이 $f(x) = |x|$는 y축 대칭함수이다.

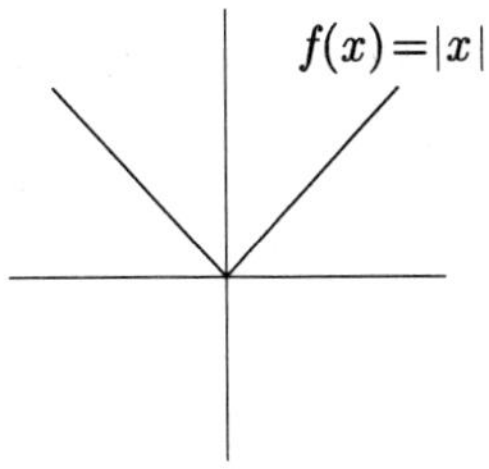

❑

예제 4 $f(x)=\dfrac{1}{x}$는 기함수이다.

풀이 $f(x)=\dfrac{1}{x}$는 원점 대칭 함수이므로 기함수이다.

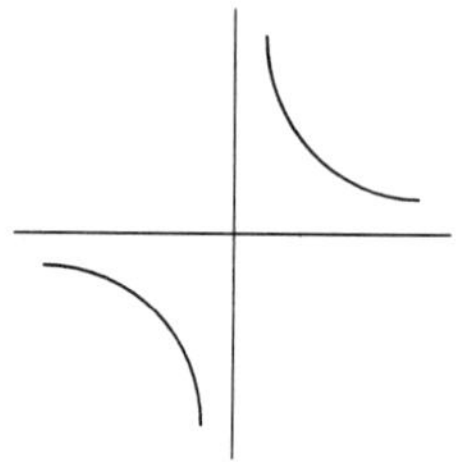

❑

정의

최대정수함수(또는 Gauss function)는 다음과 같이 정의한다.

$f(x)=[[x]]=x$와 같거나 x보다 작은 최대의 정수

예제 5 $f(x)=[[x]]$인 경우 $f(0.4)=[[0.4]]=0$, $f(-0.5)=[[-0.5]]=-1$ 그리고 $f(1)=[[1]]=1$. 그러나 이 함수는 우함수도 기함수도 아니다.

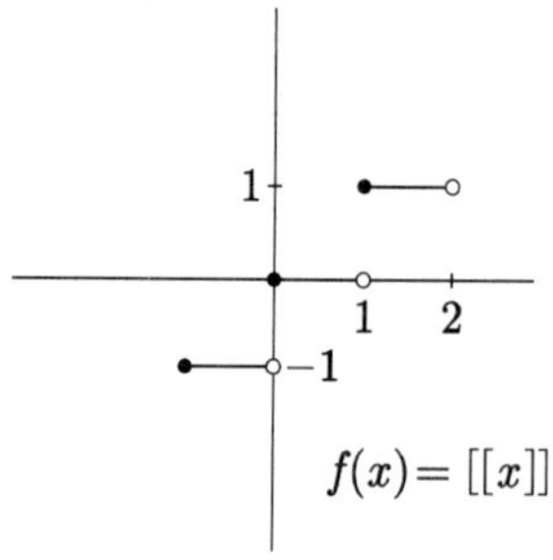

❑

예제 6 $h(x)=4x^3+2x$는 기함수이고 $k(x)=3x^4-x^2-5$는 우함수이다.

이때 $f(x)=\dfrac{k(x)}{h(x)}=\dfrac{3x^4-x^2-5}{4x^3+2x}$가 우함수인지 기함수인지 알아보자.

풀이 $f(-x)=\dfrac{3(-x)^4-(-x)^2-5}{4(-x)^3+2(-x)}=\dfrac{3x^4-x^2-5}{-4x^3-2x}$

$=-f(x)$

그러므로 $f(x)$는 기함수이다. □

주어진 함수 $y=f(x)$에서 모든 순서쌍의 집합 $(x, f(x))$를 평면 위에 그린 그림을 함수 $y=f(x)$의 그래프라 한다.

예제 7 $f(x)=c$를 상수함수(constant function)라 한다. 단, c는 상수 $f(x)=x$를 항등함수(identity function)라 한다. 항등함수를 i로도 나타낸다.

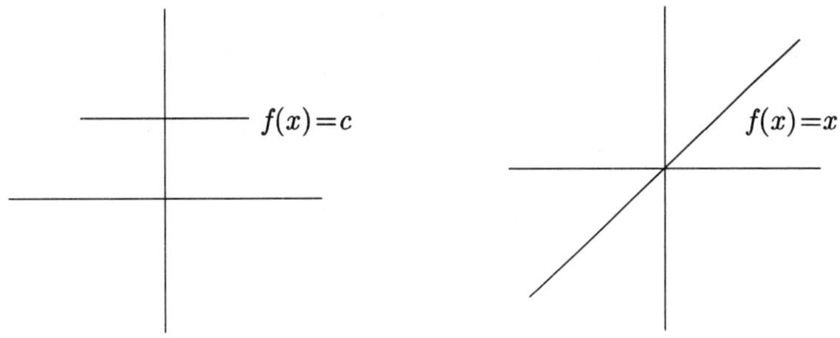

□

정의

상수함수와 항등함수를 더하고 곱해서 생긴 함수를 다항식 함수라 한다.

예를 들면 다음과 같다.

$$g(x)=2+3x-5x^2+x^3$$

정의

다항식 함수의 분수함수를 유리함수라 한다.

예를 들면 다음과 같다.

$$h(x) = \frac{2x-1}{x^2+3x+1}$$

정의

근의 연산을 포함하는 분수함수를 대수함수라 한다.

예를 들면 다음과 같다.

$$k(x) = \frac{x+3}{x^3 - \sqrt{x+1}}$$

예제 8 다음의 그래프를 구하시오.

(a) $f(x) = |x-2|$　　(b) $g(x) = \sqrt{x-2}$

(c) $h(x) = \dfrac{1}{x-2}$　　(d) $k(x) = \sqrt{9-x^2}$

풀이 (a)

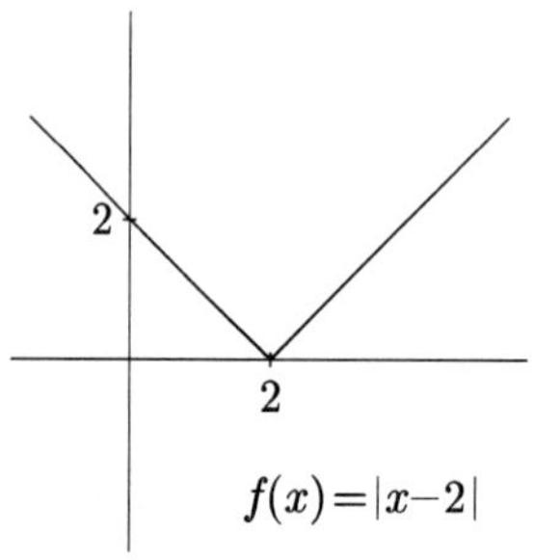

(b)

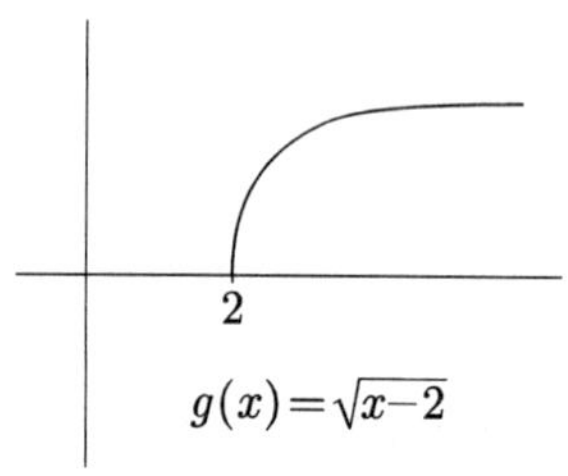

(c)

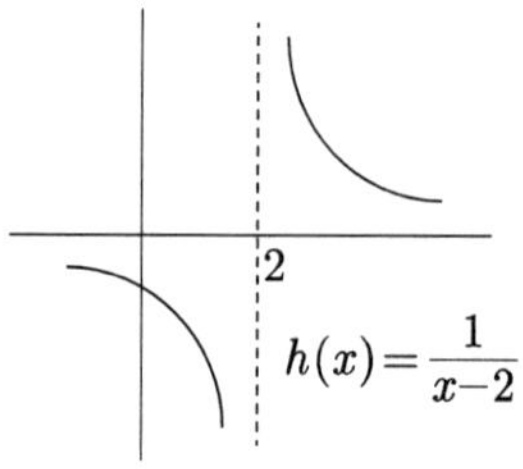

(d)

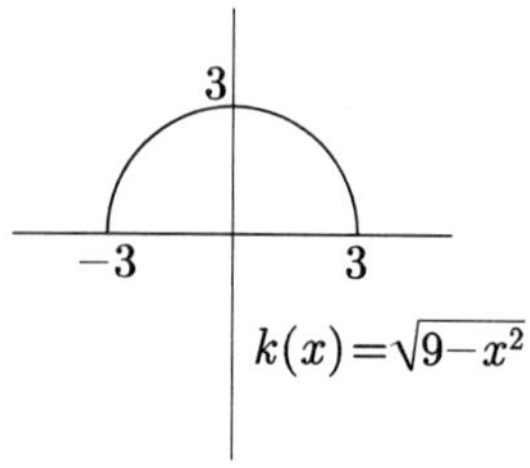

❑

예제 9 $f(x)=c$인 상수함수와 $f(x)=x$인 항등함수가 우함수인지 기함수인지 알아보자.

풀이 $f(x)=c$인 상수함수는 다음을 만족한다.

$$f(x)=f(-x)$$

그 결과 $f(x)=c$는 우함수이다.

$f(x)=x$인 항등함수는 다음을 만족한다.

$$-f(x)=f(-x)$$

그 결과 $f(x)=x$는 기함수이다. □

4.3 함수와 연산

두 함수 f, g에 대해서 새로운 함수 $f+g$에 대해서 알아보자.

먼저 $f+g$가 함수이기 때문에 $f+g$의 정의역과 $f+g$의 사상이 필요하다.

정의

$f+g$ 의 정의역과 사상은 다음과 같다.

(a) $Dom(f+g)=Dom(f)\ \cap\ Dom(g)$

(b) $(f+g)(x)=f\,(x)+g\,(x)$

예제 1 $f(x)=\dfrac{x}{2}$, $g(x)=\sqrt{x}$ 인 경우 $Dom(f+g)$, $(f+g)(x)$를 구하시오.

풀이 $Dom(f)=R$ 그리고 $Dom(g)=\{x|x\ge 0\}$이므로 다음과 같다.

$$Dom(f+g)=Dom(f)\cap Dom(g)=\{x|x\ge 0\}$$

$$(f+g)(x)=f\,(x)+g\,(x)=\frac{x}{2}+\sqrt{x}$$ □

$f-g$, $f\cdot g$, $\dfrac{f}{g}$도 역시 같은 방법으로 정의한다.

예제 2 $f(x)=\frac{x}{2}$, $g(x)=\sqrt{x}$ 인 경우 다음을 구하시오.

$$Dom(f-g),\ Dom(f \cdot g),\ Dom(\frac{f}{g})$$

풀이 |

$$Dom(f-g)=[0,\ \infty)$$
$$Dom(f \cdot g)=[0,\ \infty)$$
$$Dom\left(\frac{f}{g}\right)=(0,\ \infty)$$

❑

예제 3 $f(x)=\frac{x}{2}$, $g(x)=\sqrt{x}$ 인 경우 다음을 구하시오.

$$(f-g)(x),\ (f \cdot g)(x),\ (\frac{f}{g})(x)$$

풀이 |

$$(f-g)(x)=f(x)-g(x)=\frac{x}{2}-\sqrt{x}$$
$$(f \cdot g)(x)=f(x) \cdot g(x)=\frac{x}{2} \cdot \sqrt{x}$$
$$\left(\frac{f}{g}\right)(x)=\frac{x}{2\sqrt{x}}$$

❑

예제 4 $f(x)=\sqrt{x-1}$, $g(x)=\sqrt{25-x^2}$ 일 때, $f+g$, $f-g$, $f \cdot g$, $\frac{f}{g}$, $\frac{g}{f}$를 구하고 정의역을 구하시오.

풀이 | f의 정의역은 $[1,\ \infty)$이고 g의 정의역은 $[-5,\ 5]$이다.
그러므로 다음을 알 수 있다.

$$Dom(f+g)=[1,\ 5]$$
$$(f+g)(x)=f(x)+g(x)=\sqrt{x-1}+\sqrt{25-x^2}$$
$$Dom(f-g)=[1,\ 5]$$
$$(f-g)(x)=f(x)-g(x)=\sqrt{x-1}-\sqrt{25-x^2}$$
$$Dom(f \cdot g)=[1,\ 5]$$
$$(f \cdot g)(x)=f(x) \cdot g(x)=\sqrt{x-1} \cdot \sqrt{25-x^2}$$
$$Dom(\frac{f}{g})=[1,\ 5)$$
$$\left(\frac{f}{g}\right)(x)=\frac{f(x)}{g(x)}=\frac{\sqrt{x-1}}{\sqrt{25-x^2}}$$

$$Dom(\frac{g}{f}) = (1, 5]$$

$$\left(\frac{g}{f}\right)(x) = \frac{g(x)}{f(x)} = \frac{\sqrt{25-x^2}}{\sqrt{x-1}}$$ ❑

4.4 합성함수

두 함수 $f: A \rightarrow B$ 와 $g: B \rightarrow C$ 의 합성함수를 구해보자. f와 g의 합성함수를 $g \circ f$ 로 나타내고, $g \circ f$ 도 역시 함수이기 때문에 $g \circ f$ 의 정의역과 사상을 구해보자.

정의

$g \circ f$ 의 정의역은 다음과 같이 정의한다.

$$Dom(g \circ f) = \{a \in A \mid f(a) \in Dom(g)\}$$

$g \circ f$ 의 사상은 다음과 같이 정의한다.

$$(g \circ f)(x) = g(f(x))$$

예제 1 $f(x) = x+1,\ g(x) = \sqrt{x}$ 일 때 $g \circ f$ 와 $f \circ g$ 를 구해보자.

풀이 $Dom(f) = R, Dom(g) = \{x | x \geq 0\}$ 이므로 $g \circ f$ 의 정의역은 다음과 같다.

$$\{x \in (-\infty, \infty) \mid f(x) = x+1 \in [0, \infty)\}$$

즉 $g \circ f$ 의 정의역은 $[-1, \infty)$ 이고 사상은 다음과 같다.

$$(g \circ f)(x) = g(f(x)) = g(x+1) = \sqrt{(x+1)}$$

$f \circ g$ 의 정의역은 다음과 같다.

$$\{x \in [0, \infty) \mid g(x) = \sqrt{x} \in (-\infty, \infty)\}$$

즉 $f \circ g$ 의 정의역은 $[0, \infty)$ 이고 사상은 다음과 같다.

$$(f \circ g)(x) = f(g(x)) = f(\sqrt{x}) = \sqrt{x} + 1$$ ❑

예제 2 $f(x) = \dfrac{x}{x^2-1}$, $g(x) = \sqrt{x+2}$ 일 때 $(f \circ g)$의 정의역을 구하시오.

풀이 f의 정의역은 다음과 같다.

$$(-\infty, \infty) - \{-1, 1\}$$

g의 정의역은 다음과 같다.

$$[-2, \infty)$$

그 결과 $f \circ g$ 의 정의역은 다음과 같다.

$$\{x \in [-2, \infty) \mid \sqrt{x} \in (-\infty, \infty) - \{-1, 1\}\}$$

즉, $f \circ g$의 정의역은 다음과 같다.

$$[-2, -1) \cup (-1, 1) \cup (1, \infty)$$

❑

예제 3 $f(x) = \dfrac{1}{x}$, $g(x) = x^2 + 2$일 때 $(f \circ g)$와 $(g \circ f)$의 정의역을 구하시오.

풀이 f의 정의역은 다음과 같다.

$$(-\infty, \infty) - \{0\}$$

g의 정의역은 다음과 같다.

$$(-\infty, \infty)$$

그 결과 $g \circ f$의 정의역은 다음과 같다.

$$(-\infty, \infty) - \{0\}$$

그리고 $g \circ f$의 사상은 다음과 같다.

$$(g \circ f)(x) = g\left(\frac{1}{x}\right) = \left(\frac{1}{x}\right)^2 + 2$$

또한 $f \circ g$ 정의역은 다음과 같다.

$$(-\infty, \infty)$$

그리고 $f \circ g$의 사상은 다음과 같다.

$$(f \circ g)(x) = f(x^2 + 2) = \frac{1}{x^2 + 2}$$

❑

4.5 전단사함수

정의

함수 $f: X \to Y$에서 $f[X] = Y$인 경우 함수 f를 전사함수(onto function) 또는 위로의 함수라 한다. 또는 모든 $y \in Y$에 대해서 $x \in X$가 존재하여 $y = f(x)$를 만족하는 함수 f를 전사함수(onto function) 또는 위로의 함수라 한다.

예제 1 $f: R \to [0, \infty]$이고 $f(x) = x^2$일 때 f는 전사함수이다.

풀이 임의의 $b \in [0, \infty]$에 대해서 $\pm\sqrt{b} \in R$가 항상 존재하므로 전사함수이다. ❑

예제 2 $f: \{a,b,c\} \to \{1,2\}$에서 $f(a) = f(b) = 1$, $f(c) = 2$이면 f는 전사함수이다. $g: \{1,2\} \to \{a,b,c\}$에서 $g(1) = a$, $g(2) = c$라 놓으면 다음이 성립한다.

$$f \circ g = i, \quad g \circ f \neq i$$

예제 3 함수 $f: X \to Y$에서 f가 전사함수이면 다음을 만족한다.

$$|X| \geq |Y|$$

정의

함수 $f: X \to Y$에서 $f(a) = f(b)$이면 $a = b$일 때 함수 f를 단사함수(one-to-one function) 또는 일대일 함수라 한다. 또는 $a \neq b$이면 $f(a) \neq f(b)$일 때 함수 f를 단사함수 또는 일대일 함수라 한다.

예제 4 $f: R \to [0, \infty]$이고 $f(x) = x^2$일 때 f는 단사함수가 아니다.

풀이 $2 \neq -2 \in R$을 만족하지만 $f(2) = f(-2) = 4 \in [0, \infty)$이므로 f는 단사함수가 아니다. ❑

예제 5 $h:\{a, b\}\to\{1, 2, 3\}$에서 $h(a)=2,\ h(b)=3$이면 h는 단사함수이다.

풀이 $k:\{1, 2, 3\}\to\{a, b\}$에서 $k(1)=k(2)=a,\ k(3)=b$라 놓으면 다음이 성립한다.

$$h\circ k\neq i,\ k\circ h=i$$ ❑

예제 6 함수 $f: X\to Y$에서 f가 단사함수이면 다음을 만족한다.

$$|X|\le|Y|$$

정의

f가 단사함수이고 동시에 전사함수일 경우 f를 전단사함수(bijective function) 또는 일대일 대응이라 한다.

예제 7 $f: R\to R$이고 $f(x)=5x$는 전단사함수임을 증명하시오.

풀이 $f(a)=f(b)$를 가정하면 $5a=5b$ 이고 $a=b$ 이므로 $f(x)$는 단사함수이고, 임의의 $t\in R$에 대해서 $\frac{t}{5}\in R$이 존재하여 $t=5\cdot\left(\frac{t}{5}\right)$를 만족하므로 전사함수이다. ❑

예제 8 $s:\{a, b, c\}\to\{1, 2, 3\}$에서 $s(a)=1,\ s(b)=2,\ s(c)=3$이면 s는 전단사함수이다.

풀이 $t:\{1, 2, 3\}\to\{a, b, c\}$에서 $t(1)=a,\ t(2)=b,\ t(3)=c$라 놓으면 다음이 성립한다.

$$s\circ t=i,\ t\circ s=i$$ ❑

예제 9 함수 $f: X\to Y$에서 f가 전단사함수이면 다음을 만족한다.

$$|X|=|Y|$$ ❑

정의

함수 $f: X\to Y$와 $A\subseteq X$에 대해서 $g: A\to Y$가 $g(a)=f(a),\ \forall a\in A$를 만족하면 g를 f의 축소함수라 하고 $g=f|_A$로 나타낸다.

예제 10 $f: R \to [0,\ \infty]$ 이고 $f(x) = x^2$일 때 f는 전단사함수가 아니다. 그러나 $g: [0, \infty) \to [0,\ \infty)$ 이고 $g(x) = x^2$일 때 g는 전단사함수이고 다음과 같다.

$$g = f|_{[0,\infty]}$$

4.6 역함수

주어진 함수의 역함수에 대해서 알아보고 그의 특성에 대해서 공부한다.

정의

함수 f는 정의역 X와 공변역 Y를 갖고 다음이 나타낸다.

$$\begin{aligned} f:\ & X \to Y \\ & x \mapsto f(x) \end{aligned}$$

이 때 정의역 Y와 공변역 X를 갖고 다음과 같은 함수 f^{-1}를 함수 f의 역함수 (inverse function)라 한다.

$$\begin{aligned} f^{-1}:\ & Y \to X \\ & y \mapsto f^{-1}(y) \end{aligned}$$

예제 1 $f(x) = x^2$에 대해서 역함수의 존재 여부를 알아보자.

풀이 함수의 정의에 의해서 $a = b$이면 반드시 $f(a) = a^2 = b^2 = f(b)$를 만족하므로 $f(x) = x^2$은 함수의 성질을 만족한다. ❑

그러면 f의 역함수 f^{-1}에 대해서 알아보자.

f^{-1}가 함수이기 위해서 함수의 정의를 만족하는가 알아보자. 즉 정의역의 같은 두 원소 $m = n$에 대해서 다음이 성립함을 알 수 있다.

$$f^{-1}(m) = \sqrt{m} \neq -\sqrt{n} = f^{-1}(n)$$

그 결과 f^{-1}는 함수가 아니다.

즉 $f(x) = x^2$의 역함수가 존재하지 않음을 알 수 있다.

예제 2 $f(x) = \cos x$에 대해서 역함수의 존재 여부를 알아보자.

풀이 함수의 정의에 의해서 $a = b$에 대해서 다음이 성립함을 알 수 있다.

$$f(a) = \cos(a) = \cos(b) = f(b)$$

그 결과 $f(x) = \cos x$는 함수이다. ❑

그러면 f의 역함수인 f^{-1}에 대해서 알아보자.

f^{-1}의 정의역은 $[-1, 1]$이고, 치역은 $(-\infty, \infty)$이고, 정의역에 있는 $m = n = 1$에 대해서 다음이 성립함을 알 수 있다.

$$f^{-1}(1) = 0 \neq 2\pi = f^{-1}(1)$$

그 결과 f^{-1}는 함수가 아니다.

즉 $f(x) = \cos x$의 역함수가 존재하지 않음을 알 수 있다.

역함수의 존재 여부에 대해서 알아보자. 역함수가 존재하기 위해서 원래 함수는 일대일 대응이어야 된다.

정의

$f(x)$가 다음을 만족하면 순증가함수라고 한다.

$$a < b \Rightarrow f(a) < f(b)$$

정리 1

$f'(x) > 0$이면 $f(x)$는 순증가함수이다.

정의

$f(x)$가 다음을 만족하면 순감소함수라고 한다.

$$a < b \Rightarrow f(a) > f(b)$$

정리 2

$f'(x) < 0$ 이면 $f(x)$는 순감소함수이다.

정리 3

함수 $f(x)$가 주어진 정의역에서 순증가 또는 순감소이면 $f(x)$의 역함수가 존재한다.

예제 3 $f(x) = 3x^3 + 5x - 4$의 역함수가 존재하는 것을 증명하시오.

풀이 $f'(x) = 9x^2 + 5 > 0$ 이므로 역함수가 존재한다. ❑

예제 4 $f(x) = \cos x$, $[\pi, 2\pi]$에서 역함수가 존재하는 것을 증명하시오.

풀이 $f'(x) = -\sin x$이고 모든 $x \in [\pi, 2\pi]$에 대해서 $f'(x) > 0$이므로 역함수가 존재한다. ❑

예제 5 $f(x) = x^2$, $[0, \infty)$에서 역함수가 존재하는 것을 증명하시오.

풀이 $[0, \infty)$에서 $f(x) = x^2$이고 다음과 같다.

$$f'(x) = 2x > 0$$

그 결과 $f(x)$가 순증가함수이므로 역함수가 존재한다. ❑

예제 6 $f(x) = x^2$, $(-\infty, 0]$에서 역함수가 존재하는 것을 증명하시오.

풀이 $(-\infty, 0]$에서 $f(x) = x^2$ 이고 다음과 같다.

$$f'(x) = 2x < 0$$

그 결과 $f(x)$가 순감소함수이므로 역함수가 존재한다.

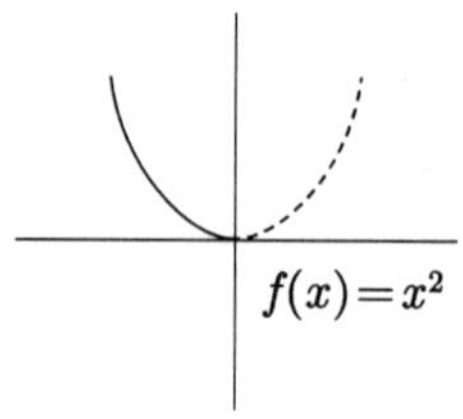

□

예제 7 $f(x)=\cos x$, $[0, \pi]$에서 역함수가 존재하는 것을 증명하시오.

풀이 $f'(x)=-\sin x$이고 모든 $x \in [0, \pi]$에 대해서 다음과 같다.

$$f'(x) > 0$$

그 결과 역함수가 존재한다.

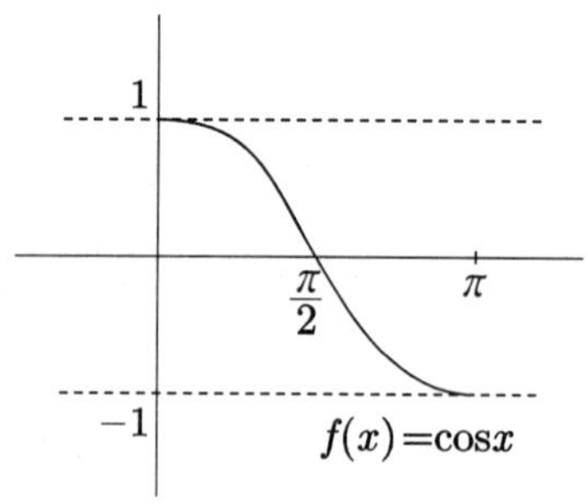

□

정리 4

함수 $f(x)$의 역함수 $f^{-1}(x)$가 존재하면 다음이 성립한다.

$$X \xrightarrow{f} Y \xrightarrow{f^{-1}} X \qquad Y \xrightarrow{f^{-1}} X \xrightarrow{f} Y$$

$$f^{-1} \circ f = i_X \qquad f \circ f^{-1} = i_Y$$

예제 8 $y=f(x)=3x+2$의 역함수를 구하고 다음을 증명하시오.

$$f^{-1}(f(x))=x=i(x), \quad f(f^{-1}(y))=y=i(y)$$

풀이 $y=3x+2$에서 $x=\frac{1}{3}(y-2)=f^{-1}(y)$

$$f^{-1}(f(x)) = f^{-1}(3x+2) = \frac{1}{3}(3x+2-2) = x$$

$$f(f^{-1}(y)) = f\left(\frac{1}{3}(y-2)\right) = 3 \cdot \left(\frac{1}{3}(y-2)\right) + 2 = y$$ ❑

정리 5

주어진 함수 f에 대해서 f^{-1}가 존재하면 다음이 성립한다.

$$x = f^{-1}(y) \Leftrightarrow y = f(x)$$

증명 $x = f^{-1}(y)$ 에 대해서 f 가 함수이므로 다음이 성립한다.

$$f(x) = f(f^{-1}(y)) = y.$$

$y = f(x)$에 대해서 f^{-1}가 함수이므로 다음이 성립한다.

$$f^{-1}(y) = f^{-1}(f(x)) = x.$$

또한 점 (a, b)와 점 (b, a)는 $y = x$ 에 관해서 대칭이고, $y = f(x)$를 만족하는 점 (x, y)와 $x = f(y)$를 만족하는 점 (y, x)는 $y = x$에 관하여 대칭이다. 또한 $x = f(y)$와 $y = f^{-1}(x)$는 동치(equivalent)이므로 $y = f(x)$와 $y = f^{-1}(x)$는 직선 $y = x$에 관하여 대칭이다.

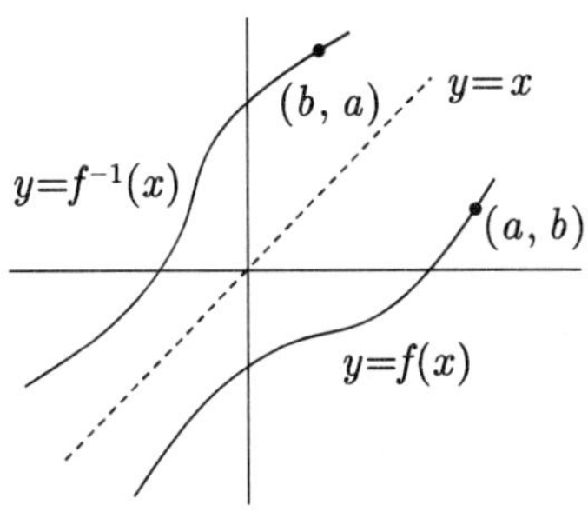

❑

예제 9 $y = f(x) = \dfrac{x}{x+1}$ 일 때 $f^{-1}(x)$를 구하시오.

풀이 $y = \dfrac{x}{x+1}$ 에서 다음과 같다.

$$yx + y = x$$

그 결과 다음을 알 수 있다.

$$x = \frac{y}{1-y} = f^{-1}(y).$$

그러므로 다음과 같다.

$$f^{-1}(x) = \frac{x}{1-x} \qquad \square$$

연습문제

※ $f(x)=(x+1)(5-2x)$, 단 $-3 \le x \le 4$일 때 다음을 구하시오.

01. f의 치역

02. $f(1-t)$의 값과, t의 범위

03. $f(f(2))$의 값

※ 다음 함수의 정의역을 구하시오.

04. $\sqrt{(2-x)(5x-2)}$

05. $\dfrac{4x+1}{2x^2-7}$

06. $\dfrac{\sqrt{x+3}}{2x-9}$

07. $4-\dfrac{|x|}{x}$

08. $\dfrac{1}{(x-1)} \cdot \dfrac{2}{(x+2)} \cdot \dfrac{3}{(x-3)}$

09. $\sqrt{(2x+1)(3x-1)}$

※ 다음 함수의 치역을 구하시오.

10. $f(x)=\pi$

11. $f(x)=|2x|-5$

12. $f(x)=\dfrac{1}{3x-2}$

13. $f(x)=\sqrt{9-4x^2}$

14. $f(x)=\begin{cases} 0, & x<0 \\ 1, & x \ge 0 \end{cases}$

15. $f(x)=\dfrac{x+1}{3x-2}$

※ 다음 함수의 그래프를 구하시오.

16. $f(x)=|3x-4|$

17. $f(x)=-[[x]]$

18. $f(x)=x+|x|$

19. $f(x)=x-|x|$

20. $f(x)=x \cdot |x|$

21. $f(x)=\begin{cases} 0, & x<2 \\ x^2, & x \ge 2 \end{cases}$

22. $f(x)=\begin{cases} -x, & -2 \le x \le 0 \\ x, & 0 \le x \le 5 \end{cases}$

23. $f(x)=\begin{cases} -1, & x<0 \\ 3, & x=0 \\ 1, & x>0 \end{cases}$

※ 다음을 구하시오.

24. $f(x)=x^2-2x+4$ 일 때 $\frac{1}{h}\{f(a+h)-f(a)\}$

25. $f(x)=\frac{1}{x-3}$ 일 때 $f(c+h)-f(c)$

26. 수열 (x_n)의 제n항이 다음과 같이 주어졌을 때, 각각에 대하여 초항부터 제3항까지 구하시오.

(a) $x_n = 5-(-1)^n$ (b) $x_n = (-1)^n/n^2$

(c) $x_n = \frac{-2}{n(n-1)}$ (d) $x_n = \frac{1}{n^3-10}$

27. 수열 (x_n)에 대하여 제n항을 구하시오.

(a) $5, 7, 9, 11, \cdots$ (b) $\frac{1}{2}, -\frac{1}{4}, \frac{1}{8}, -\frac{1}{16}, \cdots$

(c) $\frac{1}{2}, \frac{2}{3}, \frac{3}{4}, \frac{4}{5}, \cdots$ (d) $1, 4, 9, 16, \cdots$

28. 귀납적으로 정의된 다음 수열의 초항부터 제3항까지 구하시오.

(a) $x_1=1,\ x_{n+1}=2x_n-3$

(b) $y_1=2,\ y_{n+1}=\frac{1}{2}(y_n-1/y_n)$

(c) $z_1=1,\ z_2=2,\ z_{n+2}=(z_{n+1}-2z_n)/(z_{n+1}+2z_n)$

(d) $s_1=2,\ s_2=2,\ s_{n+2}=s_n+s_{n+1}$

※ 다음 함수가 우함수인지 기함수인지 구하시오.

29. $f(x)=\dfrac{2}{3}$

30. $f(x)=4x^3-5x$

31. $f(x)=x^2+7$

32. $f(x)=\sqrt{x+8}$

33. $f(x)=|x|+5$

34. $f(x)=[[2x]]$

※ $f(x)=\dfrac{x}{x-2}$, $g(x)=\sqrt{3+x^2}$ 일 때 다음을 구하시오.

35. $(f+g)(0)$

36. $(f\cdot g)(-1)$

37. $\dfrac{g}{f}(4)$

38. $(g\cdot f)(4)$

39. $\dfrac{f}{g}(5)$

40. $(g+f)(3)$

41. $(g-f)(1)$

42. $(f-g)(-2)$

43. $f\circ f(1)$

44. $f\circ g(0)$

※ $f(x)=\dfrac{1}{x+3}$, $g(x)=x^2+4$일 때 다음 식의 정의역을 구하시오.

45. $(f+g)(x)$

46. $\left(\dfrac{f}{g}\right)(x)$

47. $(f\circ g)(x)$

48. $(g\circ f)(x)$

49. $(g\circ g)(x)$

50. $\left(\dfrac{g}{f}\right)(x)$

51. $(f\circ f)(x)$

52. $(g-f)(x)$

※ $f(x)=\dfrac{x-1}{x^2+1}$, $g(x)=\sqrt{3x}$ 일 때 다음을 구하시오.

53. $(f+g)(1)$

54. $(f\cdot g)(2)$

55. $f(g(0))$

56. $g(f(2))$

57. $\dfrac{f}{g}(3)$

58. $f(f(0))$

59. $g(g(1))$

60. $f(f(g(3)))$

61. $(f-g)(0)$

62. $\dfrac{g}{f}(1)$

※ 다음의 함수가 우함수인지 기함수인지를 판정하시오.

63. 우함수·우함수

64. 기함수·기함수

65. 우함수+우함수

66. 기함수+기함수

67. 우함수·기함수

68. 우함수+기함수

※ 다음 함수의 역함수의 존재 여부를 증명하시오.

69. $f(x)=x^3+2x-2$

70. $f(x)=\tan x,\ -\dfrac{\pi}{2}<x<\dfrac{\pi}{2}$

71. $f(x)=x-|x|$

72. $f(x)=\ln(1+2x),\ x>\dfrac{-1}{2}$

73. $f(x)=\dfrac{1}{\sqrt{x-1}},\ x>1$

※ 다음 함수의 $f^{-1}(x)$를 구하고 $f^{-1}(f(x))=x,\ f(f^{-1}(y))=y$ 임을 증명하시오.

74. $f(x)=3x-1$

75. $f(x)=\sqrt{2x+1},\ x\geq\dfrac{-1}{2}$

76. $f(x)=\dfrac{3}{x+5}$

77. $f(x)=x^2-4,\ x>0$

78. $f(x)=\dfrac{x}{x+2},\quad x>-2$

Chapter _ 5

명제

5.1 명제

명제(proposition)란 참(true) 또는 거짓(false)을 명확하게 구별할 수 있는 문장을 의미한다. 명제는 소문자 p, q, r 등으로 나타내며 참 또는 거짓을 진리값(truth value)이라 한다. 진리값이 참인 경우 T로 나타내고 진리값이 거짓인 경우 F로 나타낸다.

예제 1 다음에서 명제를 구하시오.

(1) $2 \cdot 3 = 6$이다.

(2) 일년은 12개월이다.

(3) 아주 좋구나!

(4) 최선을 다하자.

(5) 이 물건은 얼마입니까?

(6) 0.2는 자연수이다.

(7) 짝수 더하기 짝수는 짝수이다.

(8) 다음 문제의 답을 구하시오.

풀이 (1), (2), (6), (7)은 명제이다.

특히 (1), (2), (7)은 참 명제이고 (6)은 거짓 명제이다. ❑

정의

다른 명제를 포함하지 않은 명제를 단순명제(simple proposition)라 하고, 여러 단순명제를 포함하는 명제를 합성명제(compound proposition)라 한다.

예제 1의 (1), (2), (6), (7)은 단순명제이다.

예제 2 합성명제의 예를 구하시오.

풀이 (1) $2 \cdot 3 = 6$이고 일년은 12개월이다.
(2) 0.2는 자연수가 아니다.
(3) 짝수 더하기 짝수는 짝수이거나 0.2는 자연수이다. ❑

논리합, 논리곱, 부정, 포함, 동치등의 연산자를 사용하여 합성명제를 만들 수 있다.

정의

두 명제 p, q가 또는 (OR)으로 연산된 합성명제를 논리합(disjunction)이라 하고 다음과 같이 나타낸다.

$$p \vee q$$

합성명제 $p \vee q$의 진리값은 다음과 같이 나타낸다.

p	q	$p \vee q$
T	T	T
T	F	T
F	T	T
F	F	F

OR의 진리표

논리합 OR는 두 명제 모두 혹는 두 명제 중에서 한 명제를 의미한다.

진리값 T를 1로 나타내고 진리값 F를 0으로 나타내면 합성명제 $p \vee q$의 진리값은 다음과 같이 나타낼 수 있고 $p \vee q = \max\{p, q\}$를 의미한다.

p	q	$p \vee q = \max\{p, q\}$
1	1	1
1	0	1
0	1	1
0	0	0

배타적 OR 또는 XOR는 두 명제 모두는 아니다. 그러나 두 명제 중에서 한 명제를 의미하고 진리값은 다음과 같이 나타낸다.

p	q	p XOR q
T	T	F
T	F	T
F	T	T
F	F	F

XOR의 진리표

NOR는 OR의 부정을 의미하고 진리값은 다음과 같이 나타낸다.

p	q	p NOR q
T	T	F
T	F	F
F	T	F
F	F	T

정의

두 명제 p, q가 그리고(AND)로 연산된 합성명제를 논리곱(conjunction)이라 하고 다음과 같이 나타낸다.

$$p \wedge q$$

합성명제 $p \wedge q$의 진리값은 다음과 같이 나타낸다.

p	q	$p \wedge q$
T	T	T
T	F	F
F	T	F
F	F	F

AND의 진리표

진리값 T를 1로 나타내고 진리값 F를 0으로 나타내면 합성명제 $p \wedge q$의 진리값은 다음과 같이 나타낼 수 있고 $p \wedge q = \min\{p, q\}$를 의미한다.

p	q	$p \wedge q = \min\{p, q\}$
1	1	1
1	0	0
0	1	1
0	0	0

NAND는 AND의 부정을 의미하고 진리값은 다음과 같이 나타낸다.

p	q	p NAND q
T	T	F
T	F	T
F	T	T
F	F	T

정의

명제 p가 아니다(NOT)으로 연산된 합성명제를 부정(negation)이라 하고 다음과 같이 나타낸다.

$$\sim p$$

합성명제 $\sim p$의 진리값은 다음과 같이 나타낸다.

$\sim p$의 진리표

p	$\sim p$
T	F
F	T

합성명제에 여러 개의 연산자를 사용하여 새로운 합성명제를 구성할 수 있다.

예제 3 $\sim(p \wedge \sim q)$의 진리값을 구하시오.

풀이

p	q	$\sim q$	$p \wedge \sim q$	$\sim(p \wedge \sim q)$
T	T	F	F	T
T	F	T	T	F
F	T	F	F	T
F	F	T	F	T

❑

예제 4 $\sim(\sim p \vee q)$의 진리값을 구하시오.

풀이

p	q	$\sim p$	$\sim p \vee q$	$\sim(\sim p \vee q)$
T	T	F	T	F
T	F	F	F	T
F	T	T	T	F
F	F	T	T	F

❑

정의

명제의 진리값이 항상 참인 명제를 항진명제(tautology)이라 하고 진리값이 항상 거짓인 명제를 모순명제(contradiction)이라 한다. 항진명제도 아니고 모순명제도 아닌 명제를 사건명제라 한다.

예제 5 $p \vee \sim p$, $p \wedge \sim p$의 진리값을 구하시오.

풀이

p	$\sim p$	$p \vee \sim p$
T	F	T
F	T	T

이 결과 $p \vee \sim p$는 항진명제이다.

p	$\sim p$	$p \wedge \sim p$
T	F	F
F	T	F

이 결과 $p \wedge \sim p$는 모순명제이다. ❑

정의

두 명제 p, q가 "p이면 q이다"로 연산된 합성명제를 조건문(conditional statement)이라 하고 다음과 같이 나타낸다.

$$p \Rightarrow q$$

이 때 p는 가정, q는 결론이라 한다.

조건문 $p \Rightarrow q$는 다음과 같이 다양한 방법으로 나타낸다.

(1) p이면 q이다.

(2) q일 때만 p이다.

(3) p는 q이기 위한 충분조건이다.

(4) q는 p이기 위한 필요조건이다.

합성명제 $p \Rightarrow q$의 진리값은 다음과 같이 나타낸다.

$p \Rightarrow q$ 의 진리표

p	q	$p \Rightarrow q$
T	T	T
T	F	F
F	T	T
F	F	F

조건문 $p \Rightarrow q$의 역은 다음과 같이 나타낸다.

$$q \Rightarrow p$$

합성명제 $q \Rightarrow p$의 진리값은 다음과 같이 나타낸다.

p	q	$q \Rightarrow p$
T	T	T
T	F	T
F	T	F
F	F	T

조건문 $p \Rightarrow q$의 이는 다음과 같이 나타낸다.

$$\sim p \Rightarrow \sim q$$

합성명제 $\sim p \Rightarrow \sim q$의 진리값은 다음과 같이 나타낸다.

p	q	$\sim p \Rightarrow \sim q$
T	T	T
T	F	T
F	T	F
F	F	T

조건문 $p \Rightarrow q$의 대우는 다음과 같이 나타낸다.

$$\sim q \Rightarrow \sim p$$

합성명제 $\sim q \Rightarrow \sim p$의 진리값은 다음과 같이 나타낸다.

p	q	$\sim q \Rightarrow \sim p$
T	T	T
T	F	F
F	T	T
F	F	T

예제 6 $p \Rightarrow (q \Rightarrow p \wedge q)$의 진리값을 구하시오.

풀이

p	q	$p \wedge q$	$q \Rightarrow p \wedge q$	$p \Rightarrow (q \Rightarrow p \wedge q)$
T	T	T	T	T
T	F	F	T	T
F	T	F	F	T
F	F	F	T	T

❑

정의

두 조건문 $p \Rightarrow q$, $q \Rightarrow p$를 그리고(AND)로 연결된 합성명제를 동치(equivalence)라 하고 다음과 같이 나타낸다.

$$p \Rightarrow q \wedge q \Rightarrow p \;\text{ 혹은 }\; p \Leftrightarrow q$$

조건문 $p \Leftrightarrow q$는 다음과 같이 다양한 방법으로 나타낸다.

(1) p이면 q이고 q이면 p이다.

(2) p가 되기 위한 필요충분조건은 q이다.

(3) p iff q

합성명제 $p \Leftrightarrow q$의 진리값은 다음과 같이 나타낸다.

p	q	$p \Rightarrow q$	$q \Rightarrow p$	$p \Leftrightarrow q$
T	T	T	T	T
T	F	F	T	F
F	T	T	F	F
F	F	T	T	T

예제 7 $\sim(\sim p) \Leftrightarrow p$의 진리값을 구하시오.

풀이

p	$\sim p$	$\sim(\sim p)$	$\sim(\sim p) \Leftrightarrow p$
T	F	T	T
F	T	F	T

즉, $\sim(\sim p) \Leftrightarrow p$는 항진명제이다. ❑

예제 8 다음을 증명하시오.

$$p \Rightarrow q \quad \Leftrightarrow \quad \sim p \vee q$$

풀이 | 진리값을 이용하여 동치를 다음과 같이 증명하자.

p	$\sim p$	q	$p \Rightarrow q$	$\sim p \vee q$	$p \Rightarrow q \quad \Leftrightarrow \quad \sim p \vee q$
T	F	T	T	T	T
T	F	F	F	F	T
F	T	T	T	T	T
F	T	F	T	T	T

❑

예제 9 다음을 증명하시오.

$$\sim (p \Rightarrow q) \quad \Leftrightarrow \quad p \wedge \sim q$$

풀이 | 진리값을 이용하여 동치를 다음과 같이 증명하자.

p	q	$\sim q$	$\sim (p \Rightarrow q)$	$p \wedge \sim q$	$\sim (p \Rightarrow q) \quad \Leftrightarrow \quad p \wedge \sim q$
T	T	F	F	F	T
T	F	T	T	T	T
F	T	F	F	F	T
F	F	T	F	F	T

❑

예제 10 다음을 증명하시오.

$$\sim (\sim p \wedge q) \wedge (p \vee q) \Leftrightarrow p$$

풀이 | 진리값을 이용하여 동치를 다음과 같이 증명하자.

p	$\sim p$	q	$p \vee q$	$\sim p \wedge q$	$\sim (\sim p \wedge q)$	$\sim (\sim p \wedge q) \wedge (p \vee q)$	$\sim (\sim p \wedge q) \wedge (p \vee q) \Leftrightarrow p$
T	F	T	T	F	T	T	T
T	F	F	T	F	T	T	T
F	T	T	T	T	F	F	T
F	T	F	F	F	T	F	T

❑

예제 11 진리값을 이용하여 다음이 동치임을 증명하시오.

$$\sim (p \wedge q) \quad \Leftrightarrow \quad \sim p \vee \sim q$$

풀이

p	$\sim p$	q	$\sim q$	$p \wedge q$	$\sim (p \wedge q)$	$\sim p \vee \sim q$	$\sim (p \wedge q) \Leftrightarrow \sim p \vee \sim q$
T	F	T	F	T	F	F	T
T	F	F	T	F	T	T	T
F	T	T	F	F	T	T	T
F	T	F	T	F	T	T	T

❑

정리 1

명제 p, q, r과 항진명제 T 그리고 모순명제 F에 대해서 다음이 성립한다.

(1) $p \vee p \Leftrightarrow p, \quad p \wedge p \Leftrightarrow p$

(2) $p \vee T \Leftrightarrow T, \quad p \wedge F \Leftrightarrow F$

(3) $p \vee \sim p \Leftrightarrow T, \quad p \wedge \sim p \Leftrightarrow F$

(4) $p \vee F \Leftrightarrow p, \quad p \wedge T \Leftrightarrow p$

(5) $p \vee (p \wedge q) \Leftrightarrow p, \quad p \wedge (p \vee q) \Leftrightarrow p$

(6) $p \vee q \Leftrightarrow q \vee p, \quad p \wedge q \Leftrightarrow q \wedge p$

(7) $(p \vee q) \vee r \Leftrightarrow p \vee (q \vee r), \quad (p \wedge q) \wedge r \Leftrightarrow p \wedge (q \wedge r)$

(8) $(p \vee q) \wedge r \Leftrightarrow (p \wedge r) \vee (q \wedge r), \quad (p \wedge q) \vee r \Leftrightarrow (p \vee r) \wedge (q \vee r)$

(9) $\sim (p \vee q) \Leftrightarrow \sim p \wedge \sim q, \quad \sim (p \wedge q) \Leftrightarrow \sim p \vee \sim q$

다양한 수학적 증명방법에 대해서 알아보자.

정의

가정과 결론의 연속을 논증형태라 한다.

논증형태에는 모듀스 포넨스(modus ponens)와 모듀스 톨렌스(modus tollens) 두 가지가 존재한다.

정의

두 명제 p, q에 대해서 다음이 성립하면 모듀스 포넨스라 한다.

$$p \Rightarrow q \text{ 그리고 } p$$
$$\text{그 결과 } q$$

예제 12 두 명제 "서울이 한국의 수도이다"와 "-1은 실수이다"에 대해서 모듀스 포넨스를 적용하시오.

풀이 서울이 한국의 수도이면 -1은 실수이다. 그리고 서울이 한국의 수도이다.
그 결과 -1은 실수이다. ❑

모듀스 포넨스는 다음과 같이 나타낼 수 있다.

$$((p \Rightarrow q) \wedge p) \Rightarrow q$$

예제 13 모듀스 포넨스는 항진명제이다.

풀이

p	q	$p \Rightarrow q$	$(p \Rightarrow q) \wedge p$	$((p \Rightarrow q) \wedge p) \Rightarrow q$
T	T	T	T	T
T	F	F	F	T
F	T	T	F	T
F	F	T	F	T

❑

정의

두 명제 p, q에 대해서 다음이 성립하면 모듀스 톨렌스라 한다.

$$p \Rightarrow q \text{ 그리고 } \sim q$$
$$\text{그 결과 } \sim p$$

예제 14 두 명제 "원주가 한국의 수도이다"와 "-2는 자연수이다"에 대해서 모듀스 톨렌스를 적용하시오.

풀이 원주가 한국의 수도이면 -2은 자연수이다. 그리고 -2은 자연수가 아니다.
그 결과 원주가 한국의 수도가 아니다. ❑

모듀스 톨렌스는 다음과 같이 나타낼 수 있다.

$$((p \Rightarrow q) \wedge \sim q) \Rightarrow \sim p$$

예제 15 모듀스 톨렌스는 항진명제이다.

풀이

p	q	$p \Rightarrow q$	$(p \Rightarrow q) \wedge \sim q$	$((p \Rightarrow q) \wedge \sim q) \Rightarrow \sim p$
T	T	T	F	T
T	F	F	F	T
F	T	T	F	T
F	F	T	T	T

❑

두 명제 "뉴욕이 한국의 도시이다"와 "칸트는 철학자이다"에 대해서 다음의 논증형태를 생각해 보자.

뉴욕이 한국의 도시이면 칸트는 철학자이다. 그리고 칸트는 철학자이다.

그 결과 뉴욕이 한국의 도시이다.

이 논증형태는 다음과 같이 나타낼 수 있다.

$$((p \Rightarrow q) \wedge q) \Rightarrow p$$

예제 16 위의 명제의 진리값을 구하시오.

풀이

p	q	$p \Rightarrow q$	$(p \Rightarrow q) \wedge q$	$((p \Rightarrow q) \wedge q) \Rightarrow p$
T	T	T	T	T
T	F	F	F	T
F	T	T	T	F
F	F	T	F	T

❑

위의 예제에서 다음은 항진명제가 아님을 알 수 있다.

$$((p \Rightarrow q) \wedge q) \Rightarrow p$$

정의

명제 p, q, r에 대해서 다음이 성립하면 삼단논법(syllogism)이라 한다.

$$p \Rightarrow q \text{ 그리고 } q \Rightarrow r$$
$$\text{그 결과 } p \Rightarrow r$$

"서울이 한국의 수도이다", "-1은 실수이다." 그리고 "칸트는 철학자이다."에 대해서 다음의 논증형태를 생각해 보자.

"서울이 한국의 수도이면 -1은 실수이다." 그리고 "-1은 실수이면 칸트는 철학자이다." 그 결과 "서울이 한국의 수도이면 칸트는 철학자이다."

이 논증형태는 다음과 같이 나타낼 수 있다.

$$(p \Rightarrow q) \wedge (q \Rightarrow r) \ \Rightarrow p \Rightarrow r$$

예제 17 위의 명제의 진리값을 구하시오.

p	q	r	$p \Rightarrow q$	$q \Rightarrow r$	$(p \Rightarrow q) \wedge (q \Rightarrow r)$	$(p \Rightarrow q) \wedge (q \Rightarrow r) \Rightarrow p \Rightarrow r$
T	T	T	T	T	T	T
T	T	F	T	F	F	T
T	F	T	F	T	F	T
T	F	F	F	T	F	T
F	T	T	T	T	T	T
F	T	F	T	F	F	T
F	F	T	T	T	T	T
F	F	F	T	T	T	T

위의 예제에서 다음은 항진명제임을 알 수 있다.

$$(p \Rightarrow q) \wedge (q \Rightarrow r) \Rightarrow p \Rightarrow r$$

3치 논리

3치 논리란 명제가 참인 경우 진리값을 1로 나타내고, 거짓인 경우 진리값을 0으로 나타내고, 중립인 경우 1/2로 나타내는 논리법이다.

폴란드 수학자 루카시비치가 처음으로 이 논리법을 제안했다.

p, q가 명제인 경우 루카시비치의 3치 논리에 관한 진리표는 다음과 같다.

p	q	$\sim p$	$\sim q$	$p \wedge q$	$p \vee q$	$p \Rightarrow q$	$q \Rightarrow p$	$p \Leftrightarrow q$
1	1	0	0	1	1	1	1	1
1	1/2	0	1/2	1/2	1	1/2	1	1/2
1	0	0	1	0	1	0	1	0
1/2	1	1/2	0	1/2	1	1	1/2	1/2
1/2	1/2	1/2	1/2	1/2	1/2	1	1	1
1/2	0	1/2	1	0	1/2	1/2	1	1/2
0	1	1	0	0	1	1	0	0
0	1/2	1	1/2	0	1/2	1	1/2	1/2
0	0	1	1	0	0	1	1	1

루카시비치의 3치 논리에서 $p \vee q = \max\{p, q\}$, $p \wedge q = \min\{p, q\}$로 생각하면 2치 논리와 일치한다.

그러나 3치 논리에서 다음이 성립하지 않음을 알 수 있다.

$$p \Rightarrow q \Leftrightarrow \sim p \vee q$$

p, q가 명제인 경우 보호바의 3치 논리에 관한 진리표는 다음과 같다.

p	q	$\sim p$	$\sim q$	$p \wedge q$	$p \vee q$	$p \Rightarrow q$	$q \Rightarrow p$	$p \Leftrightarrow q$
1	1	0	0	1	1	1	1	1
1	1/2	0	1/2	1/2	1/2	1/2	1/2	1/2
1	0	0	1	0	1	0	1	0
1/2	1	1/2	0	1/2	1/2	1/2	1/2	1/2
1/2	1/2	1/2	1/2	1/2	1/2	1/2	1/2	1/2
1/2	0	1/2	1	1/2	1/2	1/2	1/2	1/2
0	1	1	0	0	1	1	0	0
0	1/2	1	1/2	1/2	1/2	1/2	1/2	1/2
0	0	1	1	0	0	1	1	1

보흐바의 3치 논리에서 $p \vee q = \max\{p, q\}$, $p \wedge q = \min\{p, q\}$로 생각하면 2치 논리와 일치하지 않는다.

정의

3치 논리에서 어떤 경우라도 진리값이 0이 아닌 명제를 준 항진명제라 하고, 어떤 경우라도 진리값이 1이 아닌 명제를 준 모순명제라 한다.

예제 18 루카시비치의 3치 논리에서 모듀스 포넨스는 준 항진명제임을 설명하시오.

풀이

p	q	$p \Rightarrow q$	$(p \Rightarrow q) \wedge p$	$((p \Rightarrow q) \wedge p) \Rightarrow q$
1	1	1	1	1
1	1/2	1/2	1/2	1
1	0	0	0	1
1/2	1	1	1/2	1
1/2	1/2	1	1/2	1
1/2	0	1/2	1/2	1/2
0	1	1	0	1
0	1/2	1	0	1
0	0	1	0	1

❑

증명기술인 직접증명(direct proof)과 간접증명(indirect proof)에 대해서 알아보자

정의

정리가 참인 결론을 직접 유도하는 증명을 직접증명이라 한다.

예제 19 다음을 증명하시오.

$$p|m,\ p|n \quad \Rightarrow \quad p|(m+n)$$

풀이 $p|m$, $p|n$에서 다음을 알 수 있다.

$$m = ap,\ n = bp$$

그 결과 다음과 같다.

$$m + n = ap + bp = (a+b)p$$

그러므로 다음을 알 수 있다.

$$p|(m+n)$$

❑

예제 20 홀수의 곱은 홀수임을 증명하시오.

풀이 다음 두 홀수를 생각해 보자.

$$2m+1,\ 2n+1$$

다음을 알 수 있다.

$$(2m+1) \cdot (2n+1) = 4mn + 2m + 2n + 1 = 2(2mn + m + n) + 1$$

그 결과 다음과 같다.

홀수의 곱은 홀수이다. ❑

정의

다른 정리를 먼저 증명하고 이를 이용하여 정리가 참인 결론을 유도하는 증명을 간접증명이라 한다.

간접증명에는 다음과 같은 증명방법이 존재한다.

1) 모순(contradiction)에 의한 증명

정리 a를 증명하기 위해 $\sim a$임을 가정하고 모순을 유도한다.
즉, 다음 형태의 명제를 유도한다.

$$a \wedge \sim a$$

예제 21 $r^2 = 2$인 유리수 r은 존재하지 않는다.

풀이 $r^2 = 2$인 유리수 r이 존재한다고 가정하자. 단 $r = \frac{q}{p}$, p와 q는 서로소.
$r^2 = 2$에서 $p^2 = 2q^2$이고 p^2은 짝수이고 p역시 짝수이다. $p = 2t$로 놓으면 $p^2 = 2q^2$에서 $q^2 = 2t^2$을 얻는다. 그 결과 q^2은 짝수이고 q역시 짝수이다. 이는 p와 q는 서로소라는 가정에 모순이므로 $r^2 = 2$인 유리수 r은 존재하지 않는다.
❑

2) 대우(contraposition)에 의한 증명

정리 $p \Rightarrow q$를 증명하기 위해 대우 명제인 다음을 증명한다.

$$\sim q \Rightarrow \sim p$$

즉, $p \Rightarrow q$와 $\sim q \Rightarrow \sim p$는 동치이다.

예제 22 진리표를 이용하여 $p \Rightarrow q$와 $\sim q \Rightarrow \sim p$는 동치임을 설명하시오.

p	q	$\sim q \Rightarrow \sim p$	$p \Rightarrow q$	$p \Rightarrow q \Leftrightarrow \sim q \Rightarrow \sim p$
T	T	T	T	T
T	F	F	F	T
F	T	T	T	T
F	F	T	T	T

예제 23 $m \cdot n$이 홀수이면 m이 홀수 그리고 n이 홀수이다.

증명 위 명제의 대우는 다음과 같다.

m이 짝수 또는 n이 짝수이면 $m \cdot n$은 짝수이다.

그 결과 다음을 알 수 있다.

먼저 m이 짝수인 경우.

$$m = 2a \quad \Rightarrow \quad mn = 2an = 2(an)$$

다음은 n이 짝수인 경우.

$$n = 2b \quad \Rightarrow \quad mn = 2mb = 2(mb)$$

그 결과 다음과 같다.

$m \cdot n$은 짝수이다. □

정의

자신의 진약수의 합과 같은 자연수를 완전수(perfect number)라 한다.

예를 들면 12는 완전수가 아니다. 왜냐하면 다음과 같다.

12의 진약수는 1, 2, 3, 4, 6 이고 다음을 알 수 있다.

$$1 + 2 + 3 + 4 + 6 = 16 \neq 12$$

그러나 6은 완전수이다. 왜냐하면 다음과 같다.

6의 진약수는 1, 2, 3 이고 다음을 알 수 있다.

$$1 + 2 + 3 = 6$$

예제 24 완전수는 소수가 아님을 증명하시오.

풀이 위 명제의 대우는 다음과 같다.

"소수는 완전수가 아니다"

p를 소수라 하자. p의 진약수는 1이 유일하다.

그러나 소수 p에 대해서 다음과 같다.

$$p \neq 1$$

그 결과 다음을 알 수 있다.

소수는 완전수가 아니다. □

3) 반례에 의한 증명

정리에 거짓인 예를 들어 결론을 증명하는 방법.

예제 25 모든 소수 p에 대해서 다음을 증명하시오.

$$p+4\text{는 소수이다.}$$

풀이 $p=2$는 소수이지만 $p+4=2+4=6$은 소수가 아니다.
그 결과 다음을 알 수 있다.
"모든 소수 p에 대해서 $p+4$는 소수이다"라는 명제는 거짓이다. □

예제 26 $a^2=b^2 \quad \Rightarrow \quad a=b$임을 증명하시오.

풀이 $(-3)^2=3^2=9 \quad \Rightarrow \quad -3 \neq 3$
그 결과 다음을 알 수 있다.
"$a^2=b^2 \quad \Rightarrow \quad a=b$"라는 명제는 거짓이다. □

4) 존재에 의한 증명

정리에 참인 예를 들어 결론을 증명하는 방법.

예제 27 어떤 실수 $x,\ y$에 대해서 다음을 증명하시오.

$$x>y \quad \Rightarrow \quad x^2>y^2$$

풀이 $3>-1 \quad \Rightarrow \quad 3^2=9>1=(-1)^2$ □

5.2 명제함수

임의의 집합에서 명제함수(propositional function)에 대해서 알아보자.

정의

집합 X에서 명제함수 p는 다음과 같다.

$$p : X \rightarrow Y, \text{ 단 } Y\text{는 명제의 집합}$$

예제 1 $X = \{1, 3, 5\}$라 하고 X에서 명제함수 p는 다음과 같이 정의한다.

$$p(x) = \{2x + 1 = 7 | x \in Z\}$$

$p(1)$, $p(3)$, $p(5)$를 구하시오.

풀이 $p(1)$: $2 \cdot 1 + 1 = 7$ 거짓 명제

$p(3)$: $2 \cdot 3 + 1 = 7$ 참 명제

$p(3)$: $2 \cdot 5 + 1 = 7$ 거짓 명제 ❑

예제 2 $X = \{a, b, c\}$라 하고 X에서 명제함수 q는 다음과 같이 정의한다.

x	$q(x)$
a	서울은 한국의 수도이다.
b	-1은 실수이다.
c	칸트는 철학자이다.

$q(a)$, $q(b)$, $q(c)$를 구하시오.

풀이 $q(a)$: 서울은 한국의 수도이다.

$q(b)$: -1은 실수이다.

$q(c)$: 칸트는 철학자이다. ❑

변수가 한 개인 명제함수뿐 아니라 변수가 두 개 이상인 명제함수를 정의할 수 있다.

예제 3 $Z\times Z$에서 명제함수 p는 다음과 같이 정의한다.

$$p(x,\ y)=\{x^2+y^2=9\,|\,x,\ y\in Z\}$$

참 명제를 구하시오.

풀이 $p(0,\ 3),\ p(0,\ -3),\ p(3,\ 0),\ p(-3,\ 0)$ ❑

명제는 T, F의 진리값을 갖는다. 명제함수는 이에 대응하는 개념으로 진리집합을 갖는다.

정의

명제함수의 정의역 중에서 참인 명제로 대응되는 원소를 진리집합(truth set)이라 한다.

예제 4 $Z\times Z$에서 명제함수 p는 다음과 같이 정의한다.

$$p(x,\ y)=\{x^2+y^2=4\,|\,x,\ y\in Z\}$$

명제함수의 진리집합을 구하시오.

풀이 정의역 $Z\times Z$에서 참인 명제로 대응되는 원소는 다음과 같다.

$$\{(0,\ 2),\ (0,\ -2),\ (2,\ 0),\ (-2,\ 0)\}$$ ❑

예제 5 $X=\{1,\ 3,\ 5\}$라 하고 X에서 명제함수 p는 다음과 같이 정의한다.

$$p(x)=\{2x+1=7|x\in X\}$$

명제함수의 진리집합을 구하시오.

풀이 정의역 $X=\{1,\ 3,\ 5\}$에서 참인 명제로 대응되는 원소는 다음과 같다.

$$\{3\}$$ ❑

예제 6 Z에서 명제함수 r는 다음과 같이 정의한다.

$$r(x)=\{x>0|x\in Z\}$$

명제함수의 진리집합을 구하시오.

풀이 정의역 Z에서 참인 명제로 대응되는 원소는 다음과 같다.

$$\{1, 2, 3, \cdots\}$$ ❑

명제함수의 연산

명제함수의 연산은 함수의 연산과 같은 방법으로 다음과 같이 정의한다.

정의

p, q가 집합 X에서 명제함수이면 $p \vee q$, $p \wedge q$, $\sim p$는 다음과 같다.

1) $(p \vee q)(x) = p(x) \vee q(x)$
2) $(p \wedge q)(x) = p(x) \wedge q(x)$
3) $(\sim p)(x) = \sim p(x)$

예제 7 Z에서 명제함수 p, q는 다음과 같다.

$$p(x) = \{x > 2 | x \in Z\}, \quad q(x) = \{x < 7 | x \in Z\}$$

$p \wedge q$를 구하시오.

풀이 $p \wedge q = \{2 < x < 7 | x \in Z\}$ ❑

정리 1

p, q가 집합 X에서 명제함수이면 다음이 성립한다.

1) $p \vee q$ 진리집합은 p와 q의 진리집합의 합집합이다.
2) $p \wedge q$ 진리집합은 p와 q의 진리집합의 교집합이다.
3) $\sim p$ 진리집합은 p의 진리집합의 여집합이다.

예제 8 Z에서 명제함수 q, r는 다음과 같이 정의한다.

$$q(x) = \{x < 7 | x \in Z\}, \ r(x) = \{x > 0 | x \in Z\}$$

$\sim q \wedge r$의 진리집합을 구하시오.

풀이 q의 진리집합은 다음과 같다.

$$\{\cdots, 4, 5, 6\}$$

그 결과 다음을 알 수 있다.

$\sim q$의 진리집합은 다음과 같다.

$$\{7, 8, 9, \cdots\}$$

또한 r의 진리집합은 다음과 같다.

$$\{1, 2, 3, \cdots\}$$

그러므로 $\sim q \wedge r$의 진리집합은 다음과 같다.

$$\{7, 8, 9, \cdots\}$$ ❑

예제 9 R에서 명제함수 p, q는 다음과 같다.

$$p(x) = \{x \geq 2 | x \in R\}, \quad q(x) = \{x < 4 | x \in R\}$$

$\sim p \vee q$의 진리집합을 구하시오.

풀이 $\sim p$의 진리집합은 다음과 같다.

$$\sim p(x) = \{x < 2 | x \in R\}$$

그러므로 $\sim p \vee q$의 진리집합은 다음과 같다.

$$\{x < 4 | x \in R\}$$ ❑

명제함수에 단일명제를 대응하는 규칙을 한정기호(quantifier)라 하고 존재기호와 지칭기호가 있다.

정의

존재기호(existential quantifier)는 명제함수 p에 "p의 진리집합은 공집합이 아니다"라는 명제를 대응한 것으로 "$\exists$"로 나타낸다.

명제함수 p에 존재기호를 할당한 결과를 다음과 같이 나타낸다.

$$\exists x \ p(x)$$

그리고 다음과 같이 읽는다.

$p(x)$를 만족하는 x가 존재한다.

예제 10 $X=\{1, 2, 3, 4, 5\}$라 하고 X에서 명제함수 p는 다음과 같이 정의한다.

$$p(x)=\{2x+1=7|x\in X\}$$

명제함수 p에 존재기호를 할당한 결과는 다음과 같다.

$$\exists x \;\; p(x)=\{2x+1=7|x\in X\}$$

그리고 다음과 같이 읽는다.

$2x+1=7$을 만족하는 $x\in X$가 존재한다.

또한 $3\in X$이므로 다음은 참 명제이다.

$$\exists x \;\; p(x)=\{2x+1=7|x\in X\}$$ □

정의

지칭기호는 명제함수 p에 "p의 진리집합은 명제함수 p의 정의역과 같다"라는 명제를 대응한 것으로 "$\forall$"로 나타낸다.

명제함수 p에 지칭기호를 할당한 결과를 다음과 같이 나타낸다.

$$\forall x \;\; p(x)$$

그리고 다음과 같이 읽는다.

정의역의 모든 x에 대해서 $p(x)$를 만족한다.

예제 11 $X=\{1, 2, 3, 4, 5\}$라 하고 X에서 명제함수 p는 다음과 같이 정의한다.

$$p(x)=\{2x+1=7|x\in X\}$$

명제함수 p에 지칭기호를 할당한 결과는 다음과 같다.

$$\forall x \;\; p(x)=\{2x+1=7|x\in X\}$$

그리고 다음과 같이 읽는다.

모든 $x\in X$에 대해서 $2x+1=7$을 만족한다.

또한 $1,2,4,5 \not\in X$이므로 다음은 거짓 명제이다.

$$\forall x \;\; p(x)=\{2x+1=7|x\in X\}$$ □

예제 12 Z에서 명제함수 r는 다음과 같이 정의한다.

$$r(x) = \{x > 0 | x \in Z\}$$

그 결과 진리집합은 다음과 같다.

$$\{1, 2, 3, \cdots\}$$

그러므로 다음은 참 명제이다.

$$\exists x \;\; r(x) = \{x > 0 | x \in Z\}$$

그러나 다음은 거짓 명제이다.

$$\forall x \;\; r(x) = \{x > 0 | x \in Z\}$$

❑

예제 13 R에서 명제함수 p는 다음과 같이 정의한다.

$$p(x) = \{x^2 = -3 | x \in R\}$$

그 결과 진리집합은 다음과 같다.

$$\{ \; \}$$

그러므로 다음은 거짓 명제이다.

$$\exists x \;\; p(x) = \{x^2 = -3 | x \in R\}$$

또한 다음은 거짓 명제이다.

$$\forall x \;\; p(x) = \{x^2 = -3 | x \in R\}$$

❑

예제 14 다음을 한정기호를 사용하여 나타내시오.

짝수인 소수가 존재한다.

풀이 | N에서 명제함수 p, q는 다음과 같이 정의하자.

$$p(x) = \{(x, a) = 1 | x, a \in N\}, \; q(x) = \{x = 2b | x, b \in N\}$$

그 결과 다음과 같이 나타낼 수 있다.

$$\exists x (p(x) \wedge q(x))$$

❑

한정기호의 부정은 다음과 같다.

1) $\exists x\ p(x)$의 부정은 $\sim \exists x\ p(x)$로 나타내고 다음과 같이 정의한다.

$$\sim \exists x\ p(x) = \forall x \sim p(x)$$

2) $\forall x\ p(x)$의 부정은 $\sim \forall x\ p(x)$로 나타내고 다음과 같이 정의한다.

$$\sim \forall x\ p(x) = \exists x \sim p(x)$$

예제 15 $\forall x(x^2+2=3)$의 부정을 구하시오.

풀이 $\sim (\forall x(x^2+2=3))$

$= \exists x \sim (x^2+2=3)$

$= \exists x(x^2+2 \neq 3)$ ❑

예제 16 $\exists x(x^2>5)$의 부정을 구하시오.

풀이 $\sim \exists x(x^2>5)$

$= \forall x \sim (x^2>5)$

$= \forall x(x^2 \le 5)$ ❑

예제 17 $\forall x \exists y(2x+1<y)$의 부정을 구하시오.

풀이 $\sim (\forall x \exists y(2x+1<y))$

$= (\exists x \forall y \sim (2x+1<y))$

$= (\exists x \forall y(2x+1 \ge y))$ ❑

예제 18 $\forall x(x \ge 0 \Rightarrow \exists y(0 \le y \le x))$의 부정을 구하시오.

풀이 $\sim \forall x(x \ge 0 \Rightarrow \exists y(0 \le y \le x))$

$= \exists x \sim (x \ge 0 \Rightarrow \exists y(0 \le y \le x))$

$= \exists x(x \ge 0 \wedge \sim \exists y(0 \le y \le x))$

$= \exists x(x \ge 0 \wedge \forall y(0 > y > x))$ ❑

자격한정기호는 본래의 의미와 비슷한 의미를 갖는 한정기호화된 문장을 구성하기 위해 사용한다.

정의

자격한정기호는 다음과 같이 정의한다.

(1) $(\forall x > 0)p(x) \Leftrightarrow \forall x(x > 0 \Rightarrow p(x))$

(2) $(\forall x \in A)p(x) \Leftrightarrow \forall x(x \in A \Rightarrow p(x))$

(3) $(\exists x \geq 0)p(x) \Leftrightarrow \exists x(x \geq 0 \wedge p(x))$

(4) $(\exists x \in A)p(x) \Leftrightarrow \exists x(x \in A \wedge p(x))$

예제 19 다음을 자격한정기호를 사용하여 나타내시오.

모든 양수 x에 대해서 $x^2+1=y$를 만족하는 양수 y가 존재한다.

풀이 $\forall x((x>0) \Rightarrow \exists y((y>0) \wedge (x^2+1=y)))$를 자격한정기호를 사용하여 나타내면 다음과 같다.

$$(\forall x > 0)(\exists y > 0)(x^2+1=y)$$ ❑

예제 20 $(\exists x \geq 0)p(x)$의 부정을 구하시오.

풀이 $(\exists x \geq 0)p(x) \Leftrightarrow \exists x(x \geq 0 \wedge p(x))$이므로 $(\exists x \geq 0)p(x)$의 부정은 다음과 같다.

$\sim \exists x(x \geq 0 \wedge p(x))$

$= \forall x(x < 0 \vee \sim p)$

$= \forall x(x \geq 0 \Rightarrow \sim p)$

$= (\forall x \geq 0)(\sim p)$ ❑

예제 21 $(\forall x > 0)(\exists y > 0)(y = \frac{1}{x})$의 부정을 구하시오.

풀이 $\sim (\forall x > 0)(\exists y > 0)(y = \frac{1}{x})$

$= (\exists x > 0)(\forall y > 0) \sim (y = \frac{1}{x})$

$= (\exists x > 0)(\forall y > 0)(y \neq \frac{1}{x})$ ❑

연습문제

01. 다음 명제의 진리값을 구하시오.

(1) $p \vee \sim q$

(2) $\sim p \vee \sim q$

(3) $\sim(\sim p \wedge q)$

(4) $\sim(\sim p \wedge \sim q)$

(5) $(p \vee \sim q) \vee r$

(6) $(\sim p \vee \sim q) \vee \sim r$

(7) $\sim(\sim p \wedge q) \wedge r$

(8) $\sim(\sim p \wedge \sim q) \wedge r$

(9) $(p \vee \sim q) \wedge r$

(10) $(\sim p \wedge q) \vee r$

02. 다음 명제의 진리값을 구하시오.

(1) $(\sim p \vee \sim q) \Rightarrow q$

(2) $(\sim p \vee q) \Rightarrow \sim q$

(3) $(\sim p \vee \sim q) \Rightarrow \sim p$

(4) $(\sim p \vee q) \Rightarrow \sim p$

(5) $(p \vee \sim q) \Rightarrow q$

(6) $(p \wedge \sim q) \Rightarrow q$

(7) $(p \wedge \sim q) \Rightarrow \sim p$

(8) $p \Rightarrow (\sim p \wedge q)$

(9) $\sim q \Rightarrow (\sim p \vee q)$

(10) $\sim q \Rightarrow (\sim p \vee \sim q)$

03. 다음 명제가 항진명제임을 증명하시오.

(1) $p \Rightarrow p$

(2) $p \Rightarrow (q \Rightarrow p)$

04. 다음 명제함수의 진리집합을 구하시오.

(1) $p_1(x) = \{x^2 = 13 | x \in R\}$

(2) $p_2(x) = \{x^2 = 13 | x \in Z\}$

(3) $p_3(x) = \{\forall y(xy = 0) \Rightarrow x = 0 | x \in Z\}$

(4) $p_4(x) = \{\exists y(xy = 1) \Rightarrow x = 1 | x \in Z\}$

(5) $p_5(x) = \{\exists y(x = 2y) \wedge \forall y(x < y^2 + 1 | x \in Z\}$

(6) $p_6(x) = \{\exists y(x = y - 3) \wedge \forall y(x < 1 - 2y | x \in Z\}$

(7) $p_1(x) \vee p_2(x)$

(8) $p_2(x) \wedge p_4(x)$

(9) $p_2(x) \Rightarrow p_4(x)$

(10) $\sim p_6(x)$

05. 다음 명제함수의 진리집합을 구하시오.

(1) $q_1(x, y) = \{x^2 + y^2 = 25 | x, y \in Z\}$

(2) $q_2(x, y) = \{x + y = 2 | x, y \in N\}$

(3) $q_3(x, y) = \{x \cdot y = 6 | x, y \in N\}$

(4) $q_4(x, y) = \{x > y | x, y \in N\}$

(5) $q_5(x, y) = \{x \le y + 5 | x, y \in N\}$

(6) $q_6(x, y) = \{(x > 2) \wedge (y \le 4) | x, y \in N\}$

(7) $q_7(x, y) = \{(x > 3) \vee (y \le 2) | x, y \in N\}$

(8) $q_8(x, y) = \{\sim (x > 3) \vee (y \le 3) | x, y \in N\}$

(9) $q_9(x, y) = \{\sim (x > 5) \Rightarrow (y \le 3) | x, y \in N\}$

(10) $q_{10}(x, y) = \{\sim (y > 3) | x, y \in N\}$

06. 다음의 부정을 구하시오.

(1) $\forall x(x^2 + 2 \le 3)$

(2) $\exists x(x^2 + 3x - 4 = 0)$

(3) $\exists x(x^2 \ne 5)$

(4) $\forall x(x^2 - 4x > 5)$

(5) $\forall x \exists y(2x^2 + 1 = y^2)$

(6) $\forall x \exists y(2x^3 + 1 \ge y)$

(7) $(\forall x > 0)(\exists y > 0)(y \le \frac{1}{x+2})$

(8) $\forall x((x > 5) \Rightarrow (3x + 1 = 22))$

(9) $\forall x((x > 0) \Rightarrow \exists y((y > 2) \wedge (x^2 + 3 = 2y)))$

(10) $\forall x(x \ge 2 \Rightarrow \exists y(0 \le y^2 \le x))$

Chapter_ 6

부울 대수

6.1 부울 대수

유계이고 분배법칙이 성립하는 보격자를 부울 대수(Boolean algebra)라 한다.

정의

$(B, \vee, \wedge)$가 다음을 만족하면 부울 대수라 한다.

(1) $\forall a, b \in B \;\; a \vee b = b \vee a, \;\; a \wedge b = b \wedge a$

(2) $\forall a, b, c \in B \;\; a \vee (b \wedge c) = (a \vee b) \wedge (a \vee c), \;\; a \wedge (b \vee c) = (a \wedge b) \vee (a \wedge c)$

(3) $\forall a \in B, \exists 0, 1 \quad a \vee 0 = a, \;\; a \wedge 1 = a$

(4) $\forall a \in B, \exists \sim a \in B \quad a \vee \sim a = 1, \;\; a \wedge \sim a = 0$

예제 1 $B = \{T, F\}$, $\vee$:논리합, $\wedge$:논리곱인 경우 $(B, \vee, \wedge)$는 부울 대수를 형성한다.

풀이 다음을 만족한다.

(1) $\forall a, b \in B \;\; a \vee b = b \vee a, \;\; a \wedge b = b \wedge a$

(2) $\forall a, b, c \in B \;\; a \vee (b \wedge c) = (a \vee b) \wedge (a \vee c), \; a \wedge (b \vee c) = (a \wedge b) \vee (a \wedge c)$

(3) $\wedge$(논리곱)의 항등원: T

$\vee$(논리합)의 항등원: F에서 다음을 알 수 있다.

$$0 = F, \;\; 1 = T$$

(4) $T \vee F = T,\ T \wedge F = F$

$F \vee T = T,\ F \wedge T = F$에서 다음을 알 수 있다.

T의 보원: F

F의 보원: T ❑

예제 2 $B = P(X) = \{A | A \subseteq X\}$, $\vee$:합집합, $\wedge$:교집합인 경우 $(B, \vee, \wedge)$는 부울 대수를 형성한다.

풀이 다음을 만족한다.

(1) $\forall a, b \in B\ \ a \vee b = b \vee a,\ \ a \wedge b = b \wedge a$

(2) $\forall a, b, c \in B\ \ a \vee (b \wedge c) = (a \vee b) \wedge (a \vee c),\ a \wedge (b \vee c) = (a \wedge b) \vee (a \wedge c)$

(3) $\wedge$(교집합)의 항등원: X

$\vee$(합집합)의 항등원: $\varnothing$에서 다음을 알 수 있다.

$$0 = \varnothing,\ \ 1 = X$$

(4) $A \cup A^c = X,\ A \cap A^c = \varnothing$에서 다음을 알 수 있다.

A의 보원: $X - A = A^c$ ❑

예제 3 $B = \{b | ab = 30,\ \ a, b \in N\}$, $\vee$:lcm(최소공배수), $\wedge$:gcd(최대공약수)인 경우 $(B, \vee, \wedge)$는 부울 대수를 형성한다.

풀이 다음을 만족한다.

(1) $\forall a, b \in B\ \ a \vee b = b \vee a,\ \ a \wedge b = b \wedge a$

(2) $\forall a, b, c \in B\ a \vee (b \wedge c) = (a \vee b) \wedge (a \vee c),\ a \wedge (b \vee c) = (a \wedge b) \vee (a \wedge c)$

(3) $\wedge$(gcd)의 항등원: 30

$\vee$(lcm)의 항등원: 1에서 다음을 알 수 있다.

$$0 = 1,\ \ 1 = 30$$

(4) $\gcd(a, 30/a) = 1,\ \mathrm{lcm}(a, 30/a) = 30$에서 다음을 알 수 있다.

a의 보원: $30/a$ ❑

예제 4 $B = \{b | ab = 4,\ \ a, b \in N\}$, $\vee$:lcm(최소공배수), $\wedge$:gcd(최대공약수)인 경우 $(B, \vee, \wedge)$는 부울 대수를 형성하지 못한다.

풀이 다음을 만족한다.

(1) $\forall\, a, b \in B \;\; a \vee b = b \vee a,\;\; a \wedge b = b \wedge a$

(2) $\forall\, a, b, c \in B \;\; a \vee (b \wedge c) = (a \vee b) \wedge (a \vee c),\;\; a \wedge (b \vee c) = (a \wedge b) \vee (a \wedge c)$

(3) $\wedge$ (gcd)의 항등원: 4

$\vee$ (lcm)의 항등원: 1에서 다음을 알 수 있다.

$$0 = 1,\;\; 1 = 4$$

(4) 다음을 만족하는 2의 보원이 존재하지 않는다.

$$\gcd(x,\, 2) = 1,\;\; \mathrm{lcm}(x,\, 2) = 4$$ ❑

정리 1

부울 대수 $(B, \vee, \wedge)$에서 다음이 성립한다.

(1) $a \vee a = a,\;\; a \wedge a = a$

(2) $a \vee 1 = 1,\;\; a \wedge 0 = 0$

(3) $a \vee (a \wedge b) = a,\;\; a \wedge (a \vee b) = a$

(4) $(a \vee b) \vee c = a \vee (b \vee c),\;\; (a \wedge b) \wedge c = a \wedge (b \wedge c)$

(5) $a \vee a' = 1,\;\; a \wedge a' = 0 \quad a \vee a'' = 1,\;\; a \wedge a'' = 0 \quad \Rightarrow \quad a' = a''$

(6) $\sim (\sim a) = a$

(7) $\sim 0 = 1,\;\; \sim 1 = 0$

(8) $\sim (a \vee b) = \sim a \wedge \sim b,\;\; \sim (a \wedge b) = \sim a \vee \sim b$

증명 (1)
$$\begin{aligned} a \vee a &= (a \vee a) \wedge 1 \\ &= (a \vee a) \wedge (a \vee \sim a) \\ &= a \vee (a \wedge \sim a) \\ &= a \vee 0 \\ &= a \end{aligned}$$

$$\begin{aligned} a \wedge a &= (a \wedge a) \vee 0 \\ &= (a \wedge a) \vee (a \wedge \sim a) \\ &= a \wedge (a \vee \sim a) \\ &= a \wedge 1 \\ &= a \end{aligned}$$

(2) $a \vee 1$

$$
\begin{aligned}
&= (a \vee 1) \wedge 1 \\
&= (a \vee 1) \wedge (\sim a \vee a) \\
&= a \vee (1 \wedge \sim a) \\
&= a \vee \sim a \\
&= 1
\end{aligned}
$$

$a \wedge 0$

$$
\begin{aligned}
&= (a \wedge 0) \vee 0 \\
&= (a \wedge 0) \vee (a \wedge \sim a) \\
&= a \wedge (0 \vee \sim a) \\
&= a \wedge \sim a \\
&= 0
\end{aligned}
$$

(5) a의 두 보원을 a', a''이라 하자.

$$
\begin{aligned}
a' &= a' \wedge 1 \\
&= a' \wedge (a \vee a'') \\
&= (a' \wedge a) \vee (a' \wedge a'') \\
&= 0 \vee (a' \wedge a'') \\
&= (a \wedge a'') \vee (a' \wedge a'') \\
&= (a \vee a') \wedge a'' \\
&= 1 \wedge a'' \\
&= a''
\end{aligned}
$$

그 결과 보원은 유일함을 알 수 있다. ❑

정리 2

부울 대수 $(B, \vee, \wedge)$에서 0,1은 유일하다.

증명 다음을 가정하자.

$\forall a \in B, \exists 0, 0' \quad a \vee 0 = a, \ a \vee 0' = a$

그 결과 다음을 알 수 있다.

$$0 = 0 \vee 0' = 0'$$

다음을 가정하자.

$\forall a \in B, \exists 1, 1' \qquad a \wedge 1 = a,\ a \wedge 1' = a$

그 결과 다음을 알 수 있다.

$$1 = 1 \wedge 1' = 1'$$

❑

예제 5 다음은 격자이다. 그러나 부울 대수는 아니다.

풀이

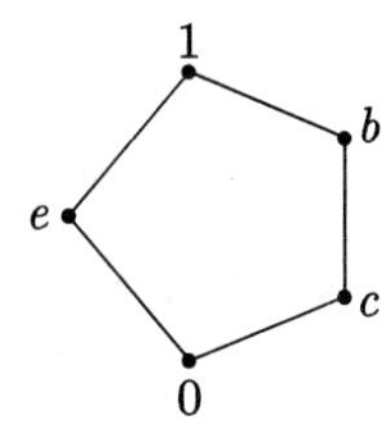

❑

$e \vee b = 1,\ e \wedge b = 0$에서 b는 e의 보원임을 알 수 있다.

또한 $e \vee c = 1,\ e \wedge c = 0$에서 c는 e의 보원임을 알 수 있다.

즉 e의 보원이 유일하지 않음으로 부울 대수가 아니다.

예제 6 다음은 부울 대수이다.

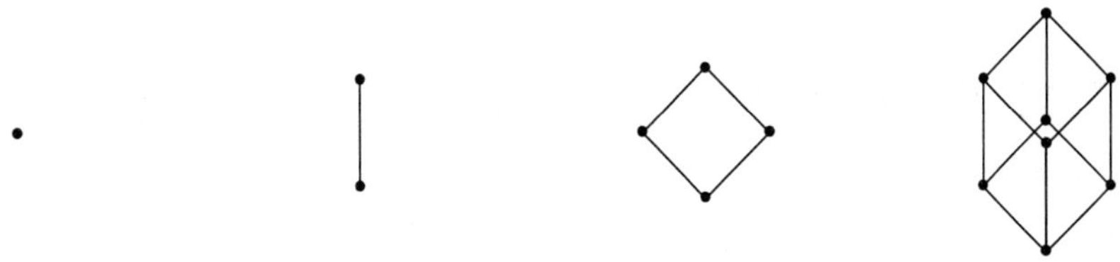

원소 1개인 부울 대수 원소 2개인 부울 대수 원소 4개인 부울 대수 원소 8개인 부울 대수

정의

두 부울 대수 $(B, \vee, \wedge)$, $(B', \vee', \wedge')$에 대해서 다음을 만족하는 함수 $f: B \to B'$가 존재하면 $(B, \vee, \wedge)$와 $(B', \vee', \wedge')$는 준동형(homomorphism)이라 한다.

(1) $f(a \wedge b) = f(a) \wedge f(b)$

(2) $f(a \vee b) = f(a) \vee f(b)$

(3) $f(\sim a) = \sim f(a)$

또한 $f: B \to B'$가 전단사 함수인 경우 $(B, \vee, \wedge)$와 $(B', \vee', \wedge')$는 동형(isomorphism)이라 한다.

예제 7 $P(X) = \{A | A \subseteq X\}$, $\vee$:합집합, $\wedge$:교집합 그리고 $B = \{b | ab = m,\ a, b \in N\}$, $\vee$:lcm(최소공배수), $\wedge$:gcd(최대공약수)인 경우 $f: P(X) \to B$가 준동형일 조건을 구하시오.

풀이 (1) $f(A \cap B) = \gcd(f(A), f(B))$

(2) $f(A \cup B) = \mathrm{lcm}(f(A), f(B))$

(3) $f(\sim A) = m / f(A)$ ❑

부울 함수는 다음과 같이 정의한다.

$$E: B^n \to B, \quad B = \{0, 1\}$$

부울 함수의 예는 다음과 같다.

(1) $E_1(x) = \sim x$

(2) $E_2(x, y) = \sim x \wedge y$

(3) $E_3(x, y) = \sim (x \wedge y)$

(4) $E_4(x, y, z) = \sim (x \wedge y) \vee (y \wedge z)$

(5) $E_5(x, y, z) = (x \wedge y \wedge \sim z) \vee (\sim y \wedge z)$

그리고 x, y, z를 부울 변수라 하고 0 또는 1의 값을 취한다.

예제 8 $E_1(x, y) = \sim(x \wedge y)$, $E_2(x, y) = \sim x \vee \sim y$인 경우 다음을 증명하시오.

$$E_1(x, y) = E_2(x, y)$$

풀이

x	y	$x \wedge y$	$\sim(x \wedge y)$
1	1	1	0
1	0	0	1
0	1	0	1
0	0	0	1

x	y	$\sim x$	$\sim y$	$\sim x \vee \sim y$
1	1	0	0	0
1	0	0	1	1
0	1	1	0	1
0	0	1	1	1

❑

위의 진리표에 의해서 다음을 알 수 있다.

$$E_1(x, y) = E_2(x, y)$$

예제 9 $E_1(x, y) = \sim(x \vee y)$, $E_2(x, y) = \sim x \wedge \sim y$인 경우 다음을 증명하시오.

$$E_1(x, y) = E_2(x, y)$$

풀이

x	y	$x \vee y$	$\sim(x \vee y)$
1	1	1	0
1	0	1	0
0	1	1	0
0	0	0	1

x	y	$\sim x$	$\sim y$	$\sim x \wedge \sim y$
1	1	0	0	0
1	0	0	1	0
0	1	1	0	0
0	0	1	1	1

❑

위의 진리표에 의해서 다음을 알 수 있다.

$$E_1(x, y) = E_2(x, y)$$

부울 대수의 성질을 이용하여 부울 함수의 표현을 최소화하는 방법에 대해서 알아보자.

예제 10 다음의 최소화를 구하시오.

$$(\sim a \wedge \sim b \wedge c) \vee (\sim a \wedge b \wedge c) \vee (a \wedge \sim b \wedge c) \vee (a \wedge b \wedge \sim c)$$

풀이 $(\sim a \wedge \sim b \wedge c) \vee (\sim a \wedge b \wedge c) \vee (a \wedge \sim b \wedge c) \vee (a \wedge b \wedge \sim c)$

$= ((\sim a \wedge c) \wedge (b \vee \sim b)) \vee ((a \wedge c) \wedge (b \vee \sim b))$

$= ((\sim a \wedge c) \wedge (1)) \vee ((a \wedge c) \wedge (1))$

$= (\sim a \wedge c) \vee (a \wedge c)$

$= (\sim a \vee a) \wedge c$

$= (1) \wedge c$

$= c$ ❏

예제 11 다음의 최소화를 구하시오.

$$(a \wedge c) \vee (\sim a \wedge b) \vee (b \wedge c)$$

풀이 $(a \wedge c) \vee (\sim a \wedge b) \vee (b \wedge c)$

$= (a \wedge c) \vee (\sim a \wedge b) \vee ((b \wedge c) \wedge (1))$

$= (a \wedge c) \vee (\sim a \wedge b) \vee ((b \wedge c) \wedge (a \vee \sim a))$

$= (a \wedge c) \vee (\sim a \wedge b) \vee ((b \wedge c \wedge a) \vee (b \wedge c \wedge \sim a))$

$= ((a \wedge c) \wedge (1 \vee b)) \vee ((\sim a \wedge b) \wedge (1 \vee c))$

$= (a \wedge c) \vee (\sim a \wedge b)$ ❏

예제 12 다음의 최소화를 구하시오.

$$(\sim a \wedge \sim b \wedge c) \vee (b \wedge c) \vee (a \wedge c)$$

풀이 $(\sim a \wedge \sim b \wedge c) \vee (b \wedge c) \vee (a \wedge c)$

$= ((\sim a \wedge \sim b) \vee b \vee a) \wedge c$

$= ((\sim a \vee b \vee a) \wedge (\sim b \vee b \vee a)) \wedge c$

$= (1 \wedge 1) \wedge c$

$= c$ ❏

6.2 표준분리형

같은 문자를 포함하지 않는 두 개 이상의 문자의 논리곱들의 논리합으로 나타내는 부울 식을 표준분리형(disjunctive normal form)이라 한다.

부울 식을 최소화하는 기준은 다음과 같다.

(1) 논리곱에서 문자들의 수를 최소화한다.

(2) 논리합에서 항들의 수를 최소화한다.

예제 1 $p \Rightarrow q$에 의해 정의된 부울 함수의 표준분리형을 구하시오

풀이 $p \Rightarrow q$의 진리표는 다음과 같다.

p	q	$p \Rightarrow q$
T	T	T
T	F	F
F	T	T
F	F	T

진리표가 참인 경우는 세 가지 경우가 있다.

$p : T, \quad q : T$ 즉, $p \wedge q$

$p : F, \quad q : T$ 즉, $\sim p \wedge q$

$p : F, \quad q : F$ 즉, $\sim p \wedge \sim q$

위의 세 가지 경우를 논리합을 이용하여 나타내면 다음과 같다.

$$(p \wedge q) \vee (\sim p \wedge q) \vee (\sim p \wedge \sim q)$$

이를 간단하게 다음과 같이 나타낸다.

$$pq \vee \overline{p}q \vee \overline{p}\,\overline{q}$$

❑

예제 2 $p \Leftrightarrow q$에 의해 정의된 부울 함수의 표준분리형을 구하시오

풀이 $p \Leftrightarrow q$의 진리표는 다음과 같다.

p	q	$p \Leftrightarrow q$
T	T	T
T	F	F
F	T	F
F	F	T

진리표가 참인 경우는 두 가지 경우가 있다.

$p : T, \quad q : T$ 즉, $p \wedge q$

$p : F, \quad q : F$ 즉, $\sim p \wedge \sim q$

위의 두 가지 경우를 논리합을 이용하여 나타내면 다음과 같다.

$$(p \wedge q) \vee (\sim p \wedge \sim q)$$

이를 간단하게 다음과 같이 나타낸다.

$$pq \vee \overline{p}\,\overline{q}$$ ❑

예제 3 $(p \Leftrightarrow q) \Leftrightarrow r$에 의해 정의된 부울 함수의 표준분리형을 구하시오

풀이 $(p \Leftrightarrow q) \Leftrightarrow r$의 진리표는 다음과 같다.

p	q	r	$(p \Leftrightarrow q) \Leftrightarrow r$
T	T	T	T
T	T	F	F
T	F	T	F
T	F	F	T
F	T	T	F
F	T	F	T
F	F	T	T
F	F	F	F

진리표가 참인 경우는 네 가지 경우가 있다.

$p : T,\ \ q : T \quad r : T$ 즉, $p \wedge q \wedge r$

$p : T,\ \ q : F \quad r : F$ 즉, $p \wedge \sim q \wedge \sim r$

$p : F,\ \ q : T \quad r : F$ 즉, $\sim p \wedge q \wedge \sim r$

$p : F,\ \ q : F \quad r : T$ 즉, $\sim p \wedge \sim q \wedge r$

위의 네가지 경우를 논리합을 이용하여 나타내면 다음과 같다.

$$(p \wedge q \wedge r) \vee (p \wedge \sim q \wedge \sim r) \vee (\sim p \wedge q \wedge \sim r) \vee (\sim p \wedge \sim q \wedge r)$$

이를 간단하게 다음과 같이 나타낸다.

$$pqr \vee p\bar{q}\bar{r} \vee \bar{p}q\bar{r} \vee \bar{p}\bar{q}r$$ ❑

부울 함수의 표현을 최소화하는 방법으로 카르노맵(Karnaugh map)을 이용한다. 카르노맵은 주어진 변수의 모든 경우를 나타내는 표이다.

1) 이변수의 카르노맵은 다음과 같이 나타낸다.

$$E(x,\ y) = \bar{x}\bar{y}$$

	y	$\bar{y}$
x		
$\bar{x}$		+

2) 삼변수의 카르노맵은 다음과 같이 나타낸다.

$$E(x,\ y,\ z) = xy\bar{z} \vee \bar{x}y\bar{z} \vee x\bar{y}\bar{z}$$

	yz	$y\bar{z}$	$\bar{y}z$	$\bar{y}\bar{z}$
x		+		+
$\bar{x}$		+		

3) 사변수의 카르노맵은 다음과 같이 나타낸다.

$$E(x,\ y,\ z) = xy\bar{z}w \vee x\bar{y}\bar{z}w \vee \bar{x}y\bar{z}w \vee \bar{x}\bar{y}\bar{z}w$$

	zw	$z\overline{w}$	$\overline{z}w$	$\overline{z}\,\overline{w}$
xy			+	
$x\overline{y}$			+	
$\overline{x}y$			+	
$\overline{x}\,\overline{y}$			+	

예제 4 $x \Rightarrow y$에 의해 정의된 부울 함수의 카르노맵을 구하시오.

풀이 $B(x,\ y) = xy \vee \overline{x}y \vee \overline{x}\,\overline{y}$에서 다음과 같이 나타낸다.

	y	$\overline{y}$
x	+	
$\overline{x}$	+	+

❑

예제 5 $x \Leftrightarrow y$에 의해 정의된 부울 함수의 카르노맵을 구하시오.

풀이 $E(x,\ y) = xy \vee \overline{x}\,\overline{y}$에서 다음과 같이 나타낸다.

	y	$\overline{y}$
x	+	
$\overline{x}$		+

❑

예제 6 $(x \Leftrightarrow y) \Leftrightarrow z$에 의해 정의된 부울 함수의 카르노맵을 구하시오.

풀이 $E(x,\ y,\ z) = xyz \vee x\overline{y}\,\overline{z} \vee \overline{x}y\overline{z} \vee \overline{x}\,\overline{y}z$

	yz	$y\overline{z}$	$\overline{y}z$	$\overline{y}\,\overline{z}$
x	+			+
$\overline{x}$		+	+	

❑

변수가 두 개인 경우 카르노맵에 대해서 부울 함수를 구하는 방법에 대해서 알아보자.

예제 7 다음 카르노맵에 대해서 부울 함수를 구하시오.

	y	$\overline{y}$
x		
$\overline{x}$	+	+

풀이 ‖ $E(x,\ y) = \overline{x}y \vee \overline{x}\,\overline{y}$

$= \overline{x}(y \vee \overline{y})$

$= \overline{x}1$

$= \overline{x}$ ❑

예제 8 다음 카르노맵에 대해서 부울 함수를 구하시오.

	y	$\overline{y}$
x	+	
$\overline{x}$	+	

풀이 ‖ $E(x,\ y) = xy \vee \overline{x}y$

$= (x \vee \overline{x})y$

$= 1y$

$= y$ ❑

변수가 세 개인 경우 카르노맵에 대해서 부울 함수를 구하는 방법에 대해서 알아보자.

예제 9 다음 카르노맵에 대해서 부울 함수를 구하시오.

	yz	$y\overline{z}$	$\overline{y}z$	$\overline{y}\,\overline{z}$
x			+	+
$\overline{x}$				

풀이 ‖ $E(x,\ y,\ z) = x\overline{y}z \vee x\overline{y}\,\overline{z}$

$= x\overline{y}(z \vee \overline{z})$

$= x\overline{y}$ ❑

예제 10 다음 카르노맵에 대해서 부울 함수를 구하시오.

	yz	$y\overline{z}$	$\overline{y}z$	$\overline{y}\,\overline{z}$
x	+			
$\overline{x}$	+			

풀이 $E(x, y, z) = xyz \vee \overline{x}yz$

$= (x \vee \overline{x})yz$

$= yz$ ❑

예제 11 다음 카르노맵에 대해서 부울 함수를 구하시오.

	yz	$y\overline{z}$	$\overline{y}z$	$\overline{y}\,\overline{z}$
x		+	+	
$\overline{x}$		+	+	

풀이 $E(x, y, z) = xy\overline{z} \vee \overline{x}y\overline{z} \vee x\overline{y}z \vee \overline{x}\,\overline{y}z$

$= (x \vee \overline{x})y\overline{z} \vee (x \vee \overline{x})\overline{y}z$

$= y\overline{z} \vee \overline{y}z$ ❑

예제 12 다음 카르노맵에 대해서 부울 함수를 구하시오.

	yz	$y\overline{z}$	$\overline{y}z$	$\overline{y}\,\overline{z}$
x				
$\overline{x}$	+	+	+	+

풀이 $E(x, y, z) = \overline{x}yz \vee \overline{x}y\overline{z} \vee \overline{x}\,\overline{y}z \vee \overline{x}\,\overline{y}\,\overline{z}$

$= \overline{x}y(z \vee \overline{z}) \vee \overline{x}\,\overline{y}(z \vee \overline{z})$

$= \overline{x}y \vee \overline{x}\,\overline{y}$

$= \overline{x}(y \vee \overline{y})$

$= \overline{x}$ ❑

예제 13 다음 카르노맵에 대해서 부울 함수를 구하시오.

	yz	$y\overline{z}$	$\overline{y}z$	$\overline{y}\,\overline{z}$
x	+			+
$\overline{x}$	+			+

풀이 $E(x, y, z) = xyz \vee \overline{x}yz \vee x\overline{y}\,\overline{z} \vee \overline{x}\,\overline{y}\,\overline{z}$

$= yz(x \vee \overline{x}) \vee \overline{y}\,\overline{z}(x \vee \overline{x})$

$= yz \vee \overline{y}\,\overline{z}$ ❑

예제 14 다음 카르노맵에 대해서 부울 함수를 구하시오.

	yz	$y\overline{z}$	$\overline{y}z$	$\overline{y}\,\overline{z}$
x	$+$			
$\overline{x}$	$+$	$+$	$+$	

풀이 $E(x,\ y,\ z) = xyz \vee \overline{x}yz \vee \overline{x}y\overline{z} \vee \overline{x}\,\overline{y}z$

$= yz(x \vee \overline{x}) \vee \overline{x}y(z \vee \overline{z}) \vee \overline{x}z(y \vee \overline{y})$

$= yz \vee \overline{x}y \vee \overline{x}z$ ❏

예제 15 다음 카르노맵에 대해서 부울 함수를 구하시오.

	yz	$y\overline{z}$	$\overline{y}z$	$\overline{y}\,\overline{z}$
x			$+$	$+$
$\overline{x}$			$+$	$+$

풀이 $E(x,\ y,\ z) = x\overline{y}z \vee \overline{x}\,\overline{y}z \vee x\overline{y}\,\overline{z} \vee \overline{x}\,\overline{y}\,\overline{z}$

$= \overline{y}z(x \vee \overline{x}) \vee \overline{y}\,\overline{z}(x \vee \overline{x})$

$= \overline{y}z \vee \overline{y}\,\overline{z}$

$= \overline{y}(z \vee \overline{z})$

$= \overline{y}$ ❏

변수가 네 개인 경우 카르노맵에 대해서 부울 함수를 구하는 방법에 대해서 알아보자.

예제 16 다음 카르노맵에 대해서 부울 함수를 구하시오.

	zw	$z\overline{w}$	$\overline{z}w$	$\overline{z}\,\overline{w}$
xy		$+$		
$x\overline{y}$		$+$		
$\overline{x}y$		$+$		
$\overline{x}\,\overline{y}$		$+$		

풀이 $E(x,\ y,\ z,\ w) = xyz\overline{w} \vee x\overline{y}z\overline{w} \vee \overline{x}yz\overline{w} \vee \overline{x}\,\overline{y}z\overline{w}$

$= xz\overline{w}(y \vee \overline{y}) \vee \overline{x}z\overline{w}(y \vee \overline{y})$

$= xz\overline{w} \vee \overline{x}z\overline{w}$

$$= (x \vee \overline{x}) z\overline{w}$$

$$= z\overline{w}$$ ❑

예제 17 다음 카르노맵에 대해서 부울 함수를 구하시오.

	zw	$z\overline{w}$	$\overline{z}w$	$\overline{z}\,\overline{w}$
xy		$+$	$+$	
$x\overline{y}$		$+$	$+$	
$\overline{x}y$		$+$	$+$	
$\overline{x}\,\overline{y}$		$+$	$+$	

풀이 $E(x,\ y,\ z,\ w) = xyz\overline{w} \vee x\overline{y}z\overline{w} \vee \overline{x}yz\overline{w} \vee \overline{x}\,\overline{y}z\overline{w}$

$$\vee\, xy\overline{z}w \vee x\overline{y}\,\overline{z}w \vee \overline{x}y\overline{z}w \vee \overline{x}\,\overline{y}\,\overline{z}w$$

$$= xz\overline{w}(y \vee \overline{y}) \vee \overline{x}z\overline{w}(y \vee \overline{y}) \vee x\overline{z}w(y \vee \overline{y}) \vee \overline{x}\,\overline{z}w(y \vee \overline{y})$$

$$= xz\overline{w} \vee \overline{x}z\overline{w} \vee x\overline{z}w \vee \overline{x}\,\overline{z}w$$

$$= (x \vee \overline{x})z\overline{w} \vee (x \vee \overline{x})\overline{z}w$$

$$= z\overline{w} \vee \overline{z}w$$ ❑

예제 18 다음 카르노맵에 대해서 부울 함수를 구하시오.

	zw	$z\overline{w}$	$\overline{z}w$	$\overline{z}\,\overline{w}$
xy	$+$	$+$		
$x\overline{y}$				
$\overline{x}y$				
$\overline{x}\,\overline{y}$	$+$	$+$		

풀이 $E(x,\ y,\ z,\ w) = xyzw \vee xyz\overline{w} \vee \overline{x}\,\overline{y}zw \vee \overline{x}\,\overline{y}z\overline{w}$

$$= xyz(w \vee \overline{w}) \vee \overline{x}\,\overline{y}z(w \vee \overline{w})$$

$$= xyz \vee \overline{x}\,\overline{y}z$$

$$= (xy \vee \overline{x}\,\overline{y})z$$ ❑

예제 19 다음 카르노맵에 대해서 부울 함수를 구하시오.

	zw	$z\overline{w}$	$\overline{z}w$	$\overline{z}\,\overline{w}$
xy	+			+
$x\overline{y}$				
$\overline{x}y$				
$\overline{x}\,\overline{y}$	+			+

풀이 $E(x, y, z, w) = xyzw \vee xy\overline{z}\,\overline{w} \vee \overline{x}\,\overline{y}zw \vee \overline{x}\,\overline{y}\,\overline{z}\,\overline{w}$

$= xy(zw \vee \overline{z}\,\overline{w}) \vee \overline{x}\,\overline{y}(zw \vee \overline{z}\,\overline{w})$

$= (xy \vee \overline{x}\,\overline{y})(zw \vee \overline{z}\,\overline{w})$ ❑

예제 20 다음 카르노맵에 대해서 부울 함수를 구하시오.

	zw	$z\overline{w}$	$\overline{z}w$	$\overline{z}\,\overline{w}$
xy		+		+
$x\overline{y}$	+		+	
$\overline{x}y$		+		+
$\overline{x}\,\overline{y}$	+		+	

풀이

$E(x, y, z, w) = xyz\overline{w} \vee xy\overline{z}\,\overline{w} \vee x\overline{y}zw \vee x\overline{y}\,\overline{z}w \vee \overline{x}yz\overline{w} \vee \overline{x}y\overline{z}\,\overline{w} \vee \overline{x}\,\overline{y}zw \vee \overline{x}\,\overline{y}\,\overline{z}w$

$= xy\overline{w}(z \vee \overline{z}) \vee x\overline{y}w(z \vee \overline{z}) \vee \overline{x}y\overline{w}(z \vee \overline{z}) \vee \overline{x}\,\overline{y}w(z \vee \overline{z})$

$= xy\overline{w} \vee x\overline{y}w \vee \overline{x}y\overline{w} \vee \overline{x}\,\overline{y}w$

$= (x \vee \overline{x})y\overline{w} \vee (x \vee \overline{x})\overline{y}w$

$= y\overline{w} \vee \overline{y}w$ ❑

예제 21 다음 카르노맵에 대해서 부울 함수를 구하시오.

	zw	$z\overline{w}$	$\overline{z}w$	$\overline{z}\,\overline{w}$
xy		+	+	
$x\overline{y}$	+	+	+	+
$\overline{x}y$	+			+
$\overline{x}\,\overline{y}$				

풀이

$$
\begin{aligned}
E(x,\ y,\ z,\ w) &= xyz\overline{w} \vee xy\overline{z}w \vee x\overline{y}zw \vee x\overline{y}z\overline{w} \vee x\overline{y}\,\overline{z}w \vee x\overline{y}\,\overline{z}\,\overline{w} \vee \overline{x}yzw \vee \overline{x}y\overline{z}\,\overline{w} \\
&= xyz\overline{w} \vee xy\overline{z}w \vee x\overline{y} \vee \overline{x}yzw \vee \overline{x}y\overline{z}\,\overline{w} \\
&= xy(z\overline{w} \vee \overline{z}w) \vee x\overline{y} \vee \overline{x}y(zw \vee \overline{z}\,\overline{w})
\end{aligned}
$$

❑

연습문제

01. $X=\{x, y, z\}$, $B=P(X)=\{A|A\subseteq X\}$, $\vee$:합집합, $\wedge$:교집합인 경우 $(B, \vee, \wedge)$는 부울 대수를 형성함을 설명하시오.

02. $B=\{b|ab=6,\ a, b\in N\}$, $\vee$:lcm(최소공배수), $\wedge$:gcd(최대공약수)인 경우 $(B, \vee, \wedge)$는 부울 대수를 형성함을 설명하시오.

03. $B=\{b|ab=45,\ a, b\in N\}$, $\vee$:lcm(최소공배수), $\wedge$:gcd(최대공약수)인 경우 $(B, \vee, \wedge)$는 부울 대수를 형성하지 못함을 설명하시오.

04. 다음을 증명하시오.

(1) $a\vee(a\wedge b)=a,\ a\wedge(a\vee b)=a$

(2) $(a\vee b)\vee c=a\vee(b\vee c),\ (a\wedge b)\wedge c=a\wedge(b\wedge c)$

(3) $\sim(\sim a)=a$

(4) $\sim 0=1,\quad \sim 1=0$

(5) $\sim(a\vee b)=\sim a\wedge \sim b,\quad \sim(a\wedge b)=\sim a\vee \sim b$

05. $E_1(x)=x\quad E_2(x, y)=x\wedge(x\vee y)$인 경우 다음을 증명하시오.

$$E_1(x, y)=E_2(x, y)$$

06. $E_1(x)=x\quad E_2(x, y)=x\vee(x\wedge y)$인 경우 다음을 증명하시오.

$$E_1(x, y)=E_2(x, y)$$

※ 다음의 최소화를 구하시오.

07. $(a\wedge b)\vee(a\wedge\overline{b})\vee(\overline{a}\wedge\overline{b})$

08. $(\overline{a}\wedge b)\vee(a\wedge\overline{b})\vee(\overline{a}\wedge\overline{b})$

09. $b\vee(a\wedge\overline{b}\wedge c)\vee(\overline{a}\wedge\overline{b}\wedge c)$

10. $(b\wedge c)\vee(a\wedge\overline{b}\wedge c)\vee(\overline{a}\wedge\overline{b}\wedge\overline{c})$

11. $(b \wedge (\bar{c})(b \wedge (\bar{c}) \vee (a \wedge b \wedge c) \vee (a \wedge \bar{b} \wedge \bar{c})$

12. $\bar{c} \vee (a \wedge \bar{b} \wedge \bar{c}) \vee (\bar{a} \wedge \bar{b} \wedge c)$

13. $\bar{a} \vee (\bar{a} \wedge \bar{b} \wedge \bar{c}) \vee (\bar{a} \wedge \bar{b} \wedge c)$

14. $(a \wedge \bar{b} \wedge \bar{c}) \vee (a \wedge \bar{b} \wedge c) \vee (\bar{a} \wedge \bar{b} \wedge \bar{c})$

15. $(a \wedge \bar{b} \wedge c) \vee (a \wedge \bar{b} \wedge \bar{c}) \vee (a \wedge b \wedge c)$

16. $(a \wedge \bar{b} \wedge c) \vee (a \wedge \bar{b} \wedge \bar{c}) \vee (a \wedge b \wedge c) \vee (a \wedge c)$

※ 다음 부울 함수의 카르노맵을 구하시오.

17. $(a \wedge b) \vee (a \wedge \bar{b}) \vee (\bar{a} \wedge \bar{b})$

18. $(\bar{a} \wedge b) \vee (a \wedge \bar{b}) \vee (\bar{a} \wedge \bar{b})$

19. $b \vee (a \wedge \bar{b} \wedge c) \vee (\bar{a} \wedge \bar{b} \wedge c)$

20. $(b \wedge c) \vee (a \wedge \bar{b} \wedge c) \vee (\bar{a} \wedge \bar{b} \wedge \bar{c})$

21. $(b \wedge (\bar{c}) \vee (a \wedge b \wedge c) \vee (a \wedge \bar{b} \wedge \bar{c})$

22. $\bar{c} \vee (a \wedge \bar{b} \wedge \bar{c}) \vee (\bar{a} \wedge \bar{b} \wedge c)$

23. $\bar{a} \vee (\bar{a} \wedge \bar{b} \wedge \bar{c}) \vee (\bar{a} \wedge \bar{b} \wedge c)$

24. $(a \wedge \bar{b} \wedge \bar{c}) \vee (a \wedge \bar{b} \wedge c) \vee (\bar{a} \wedge \bar{b} \wedge \bar{c})$

25. $(a \wedge \bar{b} \wedge c) \vee (a \wedge \bar{b} \wedge \bar{c}) \vee (a \wedge b \wedge c)$

26. $(a \wedge \bar{b} \wedge c) \vee (a \wedge \bar{b} \wedge \bar{c}) \vee (a \wedge b \wedge c) \vee (a \wedge c)$

※ 다음 카르노맵에 대해서 부울 함수를 구하시오.

27.

	y	$\bar{y}$
x	+	+
$\bar{x}$		+

	y	$\bar{y}$
x		+
$\bar{x}$	+	

	y	$\bar{y}$
x		+
$\bar{x}$		+

	y	$\bar{y}$
x		
$\bar{x}$	+	+

	y	$\overline{y}$
x	+	
$\overline{x}$	+	

28.

	yz	$y\overline{z}$	$\overline{y}z$	$\overline{y}\,\overline{z}$
x			+	+
$\overline{x}$	+	+		

	yz	$y\overline{z}$	$\overline{y}z$	$\overline{y}\,\overline{z}$
x			+	
$\overline{x}$			+	

	yz	$y\overline{z}$	$\overline{y}z$	$\overline{y}\,\overline{z}$
x				
$\overline{x}$			+	+

	yz	$y\overline{z}$	$\overline{y}z$	$\overline{y}\,\overline{z}$
x		+		+
$\overline{x}$		+		+

	yz	$y\overline{z}$	$\overline{y}z$	$\overline{y}\,\overline{z}$
x				+
$\overline{x}$	+		+	

	yz	$y\overline{z}$	$\overline{y}z$	$\overline{y}\,\overline{z}$
x		+		+
$\overline{x}$	+			+

	yz	$y\overline{z}$	$\overline{y}z$	$\overline{y}\,\overline{z}$
x	+		+	+
$\overline{x}$		+	+	+

29.

	zw	$z\overline{w}$	$\overline{z}w$	$\overline{z}\,\overline{w}$
xy		+	+	
$x\overline{y}$		+	+	
$\overline{x}y$				
$\overline{x}\,\overline{y}$				

	zw	$z\overline{w}$	$\overline{z}w$	$\overline{z}\,\overline{w}$
xy		+		+
$x\overline{y}$		+		+
$\overline{x}y$				
$\overline{x}\,\overline{y}$				

	zw	$z\overline{w}$	$\overline{z}w$	$\overline{z}\,\overline{w}$
xy				
$x\overline{y}$				
$\overline{x}y$	+	+		
$\overline{x}\,\overline{y}$			+	+

	zw	$z\overline{w}$	$\overline{z}w$	$\overline{z}\,\overline{w}$
xy	+			
$x\overline{y}$		+		
$\overline{x}y$			+	
$\overline{x}\,\overline{y}$				+

	zw	$z\overline{w}$	$\overline{z}w$	$\overline{z}\,\overline{w}$
xy		+		+
$x\overline{y}$		+		+
$\overline{x}y$		+		+
$\overline{x}\,\overline{y}$		+		+

	zw	$z\overline{w}$	$\overline{z}w$	$\overline{z}\,\overline{w}$
xy	+	+	+	+
$x\overline{y}$				
$\overline{x}y$				
$\overline{x}\,\overline{y}$	+	+	+	+

	zw	$z\overline{w}$	$\overline{z}w$	$\overline{z}\,\overline{w}$
xy	+	+		
$x\overline{y}$			+	+
$\overline{x}y$			+	+
$\overline{x}\,\overline{y}$	+	+		

	zw	$z\overline{w}$	$\overline{z}w$	$\overline{z}\,\overline{w}$
xy	+	+		+
$x\overline{y}$	+	+		+
$\overline{x}y$	+	+		+
$\overline{x}\,\overline{y}$	+	+		+

	zw	$z\overline{w}$	$\overline{z}w$	$\overline{z}\,\overline{w}$
xy	+	+	+	+
$x\overline{y}$		+	+	
$\overline{x}y$		+	+	
$\overline{x}\,\overline{y}$		+	+	

	zw	$z\overline{w}$	$\overline{z}w$	$\overline{z}\,\overline{w}$
xy	+	+	+	+
$x\overline{y}$	+			+
$\overline{x}y$	+			+
$\overline{x}\,\overline{y}$	+	+	+	+

Chapter _ 7

그래프

7.1 그래프

정점(vertex)과 모서리(edge) 그리고 접합관계(incidental relation)로 정의된 그래프는 다음과 같다.

정의

그래프 $G=(V, E, R)$는 정점의 집합 V, 모서리의 집합 E 그리고 E에서 V로의 접합관계 R로 구성된다.

예제 1 $V=\{a, b, c, d\}$, $E=\{f, g, h, k\}$ 그리고 $R=\{(f, a), (f, b), \cdots, (k, d)\}$로 구성된 그래프는 다음과 같다.

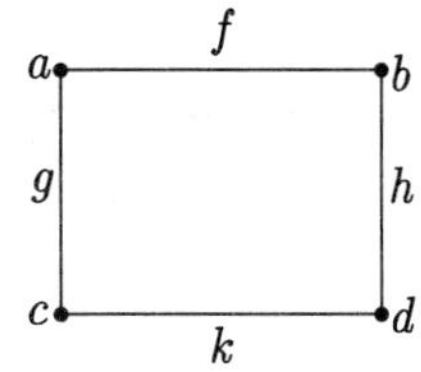

예제 2 $V=\{v_1,v_2,v_3,v_4\}$, $E=\{e_1,e_2,e_3,e_4,e_{5,}e_6,e_7\}$

그리고 $R=\{(e_1,v_1),\cdots(e_7,v_4)\}$ 로 구성된 그래프는 다음과 같다.

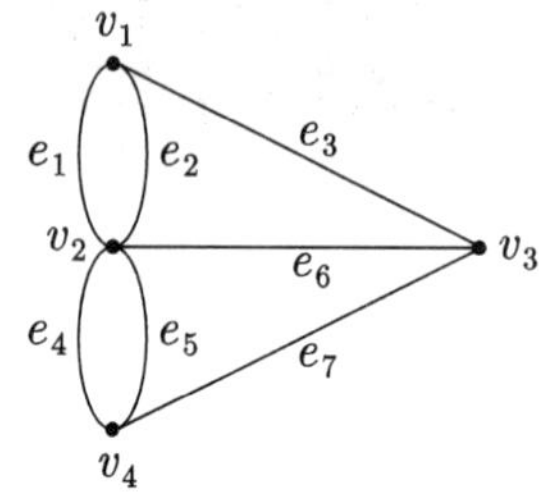

접합관계 R에 대한 접합행렬은 다음과 같다.

$$\begin{array}{c} \\ e_1 \\ e_2 \\ e_3 \\ e_4 \\ e_5 \\ e_6 \\ e_7 \end{array}\begin{array}{c} \begin{array}{cccc} v_1 & v_2 & v_3 & v_4 \end{array} \\ \begin{bmatrix} 1 & 1 & 0 & 0 \\ 1 & 1 & 0 & 0 \\ 1 & 0 & 1 & 0 \\ 0 & 1 & 0 & 1 \\ 0 & 1 & 0 & 1 \\ 0 & 1 & 1 & 0 \\ 0 & 0 & 1 & 1 \end{bmatrix} \end{array}$$

정의

$(e,\ a)\in R$이면 e는 a에 접합되었다고 한다. 그리고 $(e,\ a)$, $(e,\ b)\in R$이면 a,b는 인접(adjacent)하다고 한다.

예제 1에서 모서리 f는 정점 a,b에 접합되었고, 정점 a,b는 인접하다고 할 수 있다. 또한 모서리 g는 정점 b,d에 접합되지 않았고, 정점 b,c는 인접하다고 할 수 없다.

예제 2에서 모서리 e_1는 정점 $v_1,\ v_2$에 접합되었고, 정점 $v_1,\ v_2$는 인접하다고 할 수 있다. 또한 모서리 e_4는 정점 $v_1,\ v_3$에 접합되지 않았고, 정점 $v_1,\ v_4$는 인접하다고 할 수 없다.

정의

$(e, a), (e, b) \in R$, $(f, a), (f, b) \in R$인 경우 모서리 e, f를 다중 모서리(multiple edge)라고 한다. 또한 $(e, a), (e, b) \in R$에서 $a = b$인 경우 모서리 e를 루프(loop)라 한다. 어떤 모서리에도 접합되지 않은 정점을 고립된 정점(isolated vertex)이라 한다.

예제 3 다음 그래프에서 다중 모서리, 루프, 고립된 정점을 구하시오.

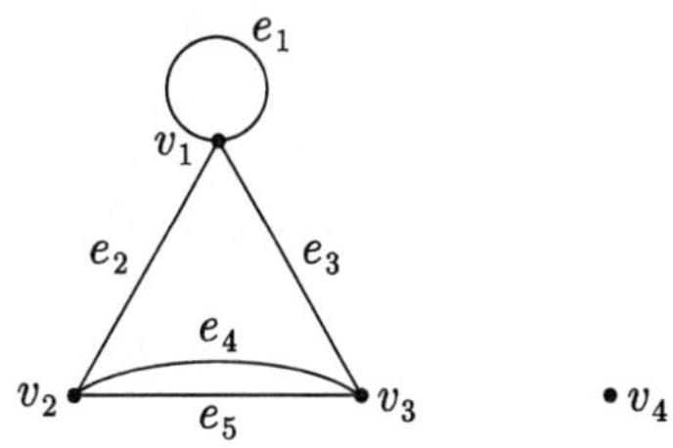

풀이 다중 모서리 : e_4, e_5

루프 : e_1

고립된 정점 : v_4 ❑

예제 4 다음 그래프에서 다중 모서리, 루프, 고립된 정점을 구하시오.

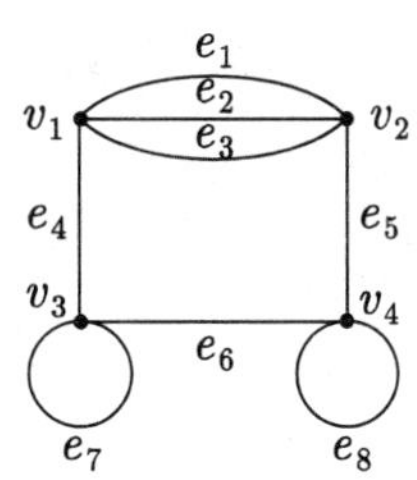

풀이 다중 모서리 : e_1, e_2, e_3

루프 : e_7, e_8

고립된 정점 : 없음 ❑

정의

그래프에서 다중 모서리와 루프가 없는 그래프를 단순그래프(simple graph)라 한다.

예제 5 다음은 단순그래프이다.

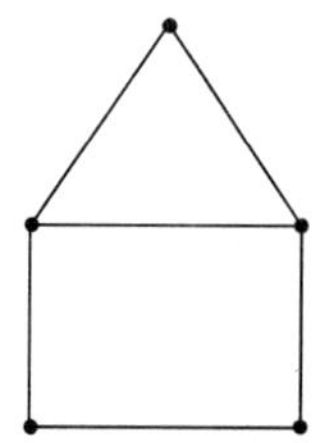

정의

그래프 $G=(V, E, R)$의 부분그래프(subgraph) $H=(W, F, S)$는 다음과 같다.

$$W \subseteq V,\ F \subseteq E,\ S \subseteq R$$

예제 6 다음 그래프는 예제 4의 부분그래프이다.

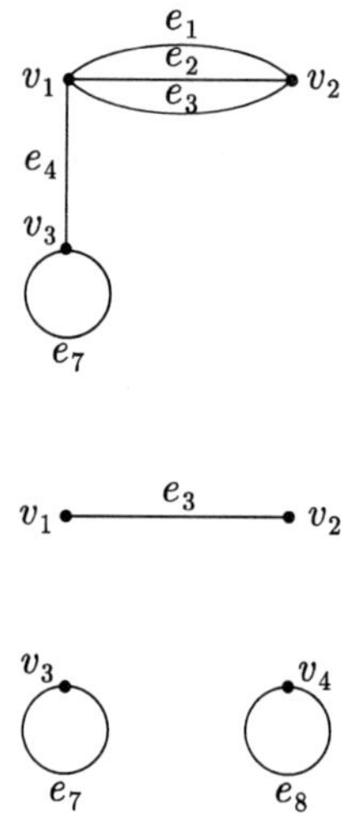

예제 7 다음 그래프는 예제 4의 부분그래프가 아니다.

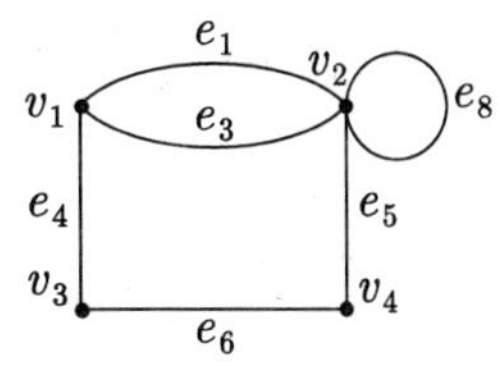

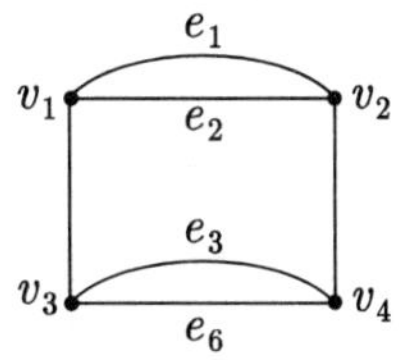

정의

그래프 $G=(V, E, R)$의 부분그래프 $H=(W, F, S)$중에서 다음을 만족하는 부분그래프를 부분생성그래프(spanning subgraph)라고 한다.

$$W=V,\ F\subseteq E,\ S\subseteq R$$

예제 6의 두 번째 그래프는 예제 4의 부분생성그래프이다. 그러나 예제 6의 첫 번째 그래프는 예제 4의 부분생성그래프가 아니다.

정의

그래프 $G=(V, E, R)$의 부분그래프 $H=(W, F, S)$ 중에서 다음을 만족하는 부분그래프를 W에 의해서 유도된 부분그래프(induced subgraph)라고 한다.

$$W\subseteq V,\ F\subseteq E,\ S_{|W}=R_{|W}$$

예제 8 그래프 $G=(V, E, R)$는 다음과 같다.

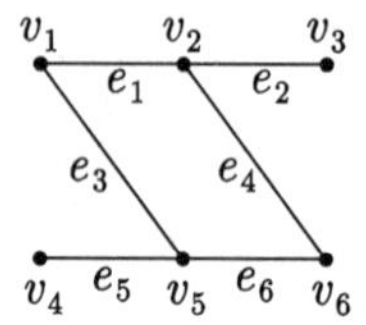

$W=\{v_1, v_3, v_4, v_5\}$에 의해서 유도된 부분그래프를 구하시오.

풀이

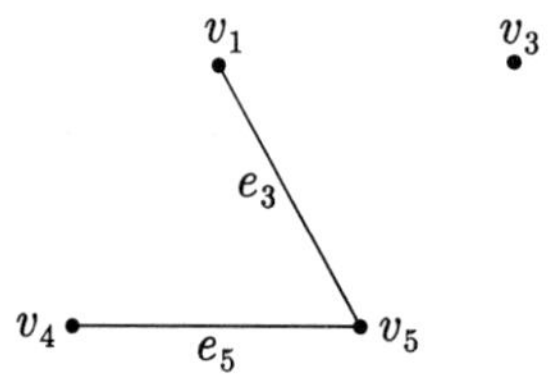

❑

예제 9 그래프 $G=(V, E, R)$는 다음과 같다.

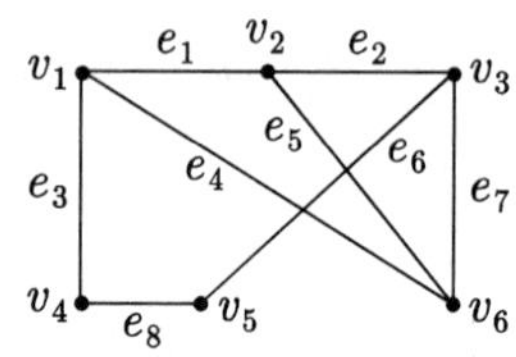

$W=\{v_1, v_3, v_5, v_6\}$에 의해서 유도된 부분그래프를 구하시오.

풀이

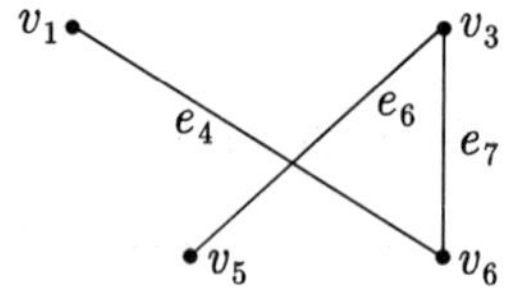

❑

예제 10 그래프 $G=(V, E, R)$는 다음과 같다.

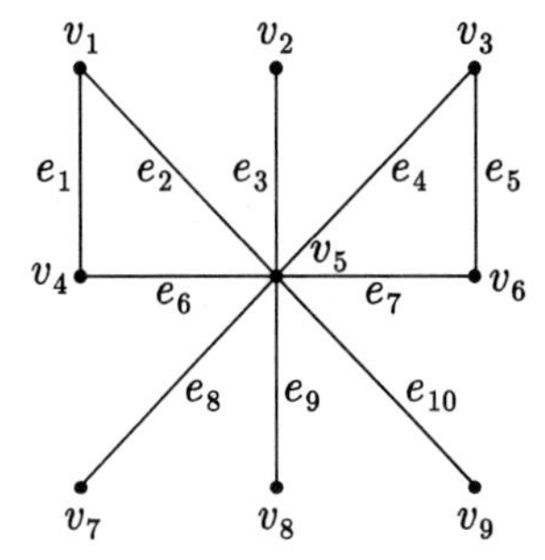

$W=\{v_1, v_2, v_3, v_4, v_6, v_7, v_8, v_9\}$에 의해서 유도된 부분그래프를 구하시오.

풀이

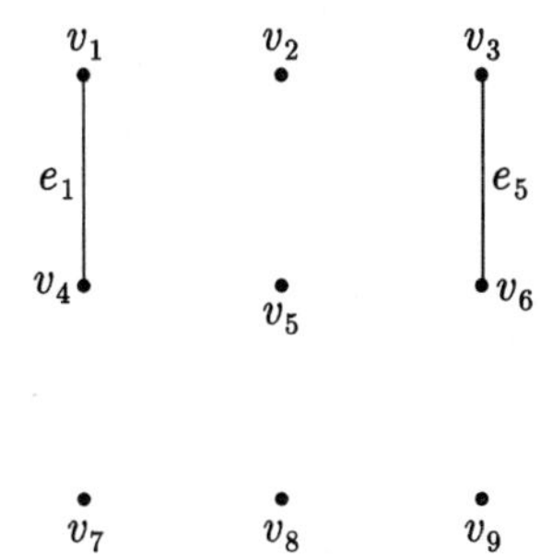

❑

정의

그래프 $G=(V, E, R)$에서 정점의 차수(degree)는 정점에 접합하는 모서리의 수이며 각 루프는 모서리의 수를 2로 정의한다.

예제 11 다음 그래프에서 정점의 차수를 구하시오.

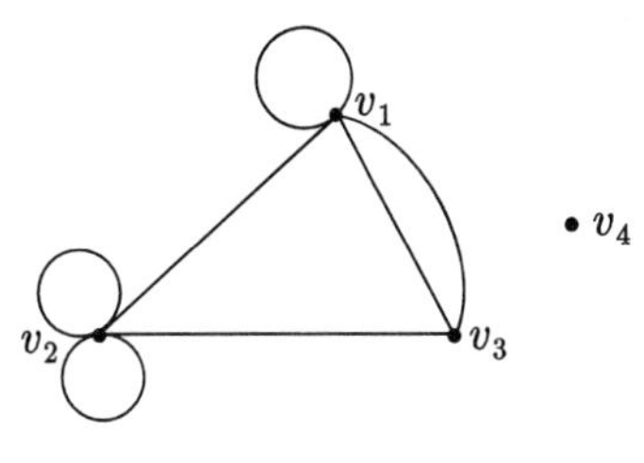

풀이 정점 v_1의 차수 : 5

정점 v_2의 차수 : 6

정점 v_3의 차수 : 3

정점 v_4의 차수 : 0 ❑

정의

정점의 차수가 짝수인 정점을 짝수정점, 정점의 차수가 홀수인 정점을 홀수정점이라 한다.

위의 예제에서 v_1, v_3는 홀수정점이고 v_2, v_4는 짝수정점이다.

정리 1

그래프 $G=(V, E, R)$에서 정점의 차수의 합은 모서리수의 두 배이다.

예제 11의 그래프에서 각 정점의 차수의 합은 14이고 모서리수는 7이므로 위의 정리 1을 만족한다.

정의

그래프 $G=(V, E, R)$에서 정점의 차수가 모두 k인 그래프를 k-정규그래프(regular graph)라고 한다.

다음은 k-정규그래프의 예이다.

0 - 정규그래프　　1 - 정규그래프

2 - 정규그래프

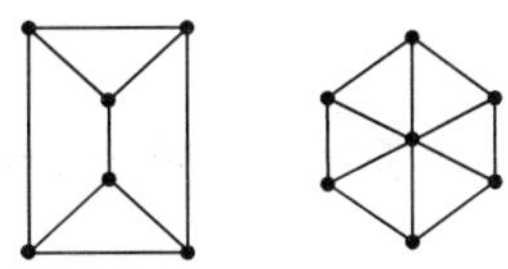

3 - 정규그래프

정의

단순그래프 $G=(V, E, R)$에서 모든 정점이 다른 모든 정점에 인접하는 그래프를 완전그래프(complete graph)라고 한다. 완전그래프에서 정점의 수를 완전그래프의 차수라고 한다.

다음은 완전그래프의 예이다.

차수=1　　차수=2　　차수=3　　차수=4

완전그래프

정의

그래프 $G=(V, E, R)$에서 $V=V_1 \cup V_2$, $V_1 \cap V_2=\varnothing$를 만족하고 eRa, $eRb \Rightarrow a \in V_1$, $b \in V_2$이 성립하는 그래프를 이분그래프(bipartite graph)라고 한다.

이분그래프는 루프를 포함하지 않음을 주의하자.

다음은 이분그래프의 예이다.

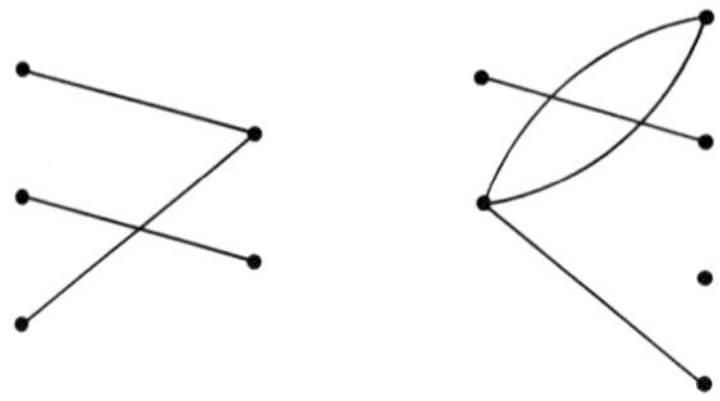

이분그래프

위 그림에서 고립된 정점은 V_1, V_2중에서 어떤 집합에도 속할 수 있으므로 분할이 유일하지 않은 경우도 존재한다.

정의

그래프 $G=(V, E, R)$에서 $V=V_1 \cup V_2$, $V_1 \cap V_2 = \varnothing$를 만족하고 $\forall e \in E$ eRa, $eRb \Rightarrow a \in V_1$, $b \in V_2$이 성립하는 그래프를 완전 이분그래프라고 한다.
V_1이 m개의 원소, V_2가 n개의 원소를 가지는 경우 완전 이분그래프를 $K_{m,n}$으로 나타낸다. (m,n)을 완전 이분그래프 $K_{m,n}$의 차수라고 한다.

다음은 완전 이분그래프의 예이다.

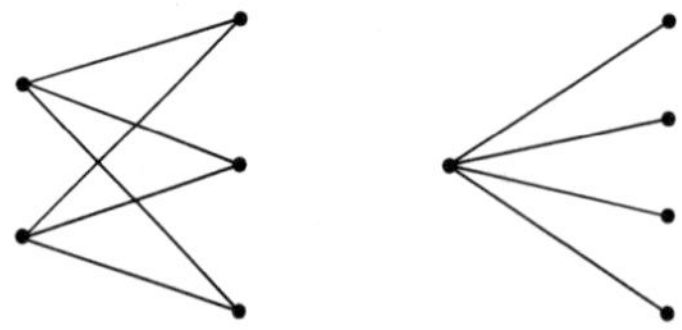

$K_{2,3}$ $K_{1,4}$

완전 이분그래프

정의

그래프 $G=(V, E, R)$와 $H=(W, F, S)$에서 다음이 성립하면 준동형(homomorphism)이라 한다.

$(e, v) \in R \Leftrightarrow (f(e), g(v)) \in S$를 만족하는 다음의 함수가 존재한다.

$$f: E \rightarrow F, \ g: V \rightarrow W$$

정의

그래프 $G=(V, E, R)$와 $H=(W, F, S)$에서 다음이 성립하면 동형(isomorphism)이라 한다.

$(e,v) \in R \Leftrightarrow (f(e),g(v)) \in S$를 만족하는 다음의 일대일 대응함수가 존재한다.

$$f: E \rightarrow F, \ g: V \rightarrow W$$

두 그래프가 동형일 필요충분조건은 다음과 같다.
접합관계가 보존되고 각 정점과 각 모서리가 일대일 대응되는 경우이다.

예제 12 다음 두 완전그래프는 동형이다.

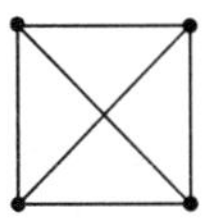

예제 13 다음 두 2-정규그래프는 동형이다.

예제 14 다음 두 그래프는 동형이다.

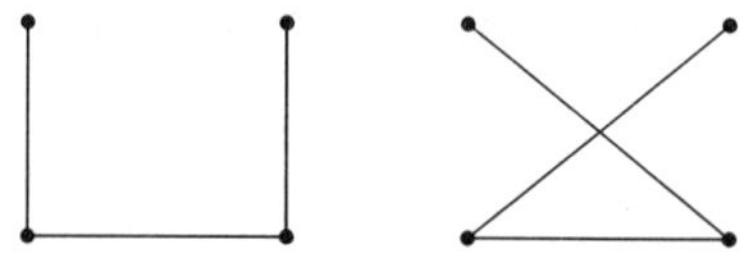

예제 15 다음 두 그래프는 동형이 아니다.

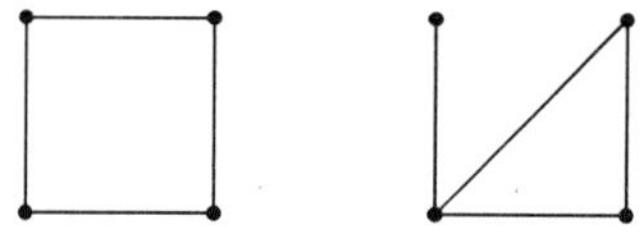

예제 16 다음 두 그래프는 동형이 아니다.

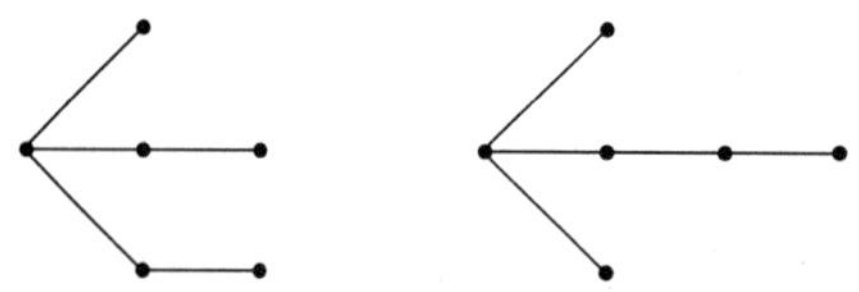

컴퓨터에서 그래프를 나타내는 방법은 다양하다. 가장 간단한 방법은 모서리표이다. 예제 2에 나오는 그래프에 대한 접합행렬은 다음과 같다.

$$\begin{array}{c} \\ e_1 \\ e_2 \\ e_3 \\ e_4 \\ e_5 \\ e_6 \\ e_7 \end{array} \begin{array}{c} \begin{array}{cccc} v_1 & v_2 & v_3 & v_4 \end{array} \\ \begin{bmatrix} 1 & 1 & 0 & 0 \\ 1 & 1 & 0 & 0 \\ 1 & 0 & 1 & 0 \\ 0 & 1 & 0 & 1 \\ 0 & 1 & 0 & 1 \\ 0 & 1 & 1 & 0 \\ 0 & 0 & 1 & 1 \end{bmatrix} \end{array}$$

예제 2의 그래프에 대한 모서리표는 다음과 같다.

모서리	첫째 정점	둘째 정점
1	1	2
2	1	2
3	1	3
4	2	4
5	2	4
6	2	3
7	3	4

예제 2의 그래프에 대한 인접행렬은 다음과 같다.

$$\begin{array}{c} \\ v_1 \\ v_2 \\ v_3 \\ v_4 \end{array} \begin{array}{c} \begin{array}{cccc} v_1 & v_2 & v_3 & v_4 \end{array} \\ \begin{bmatrix} 0 & 2 & 1 & 0 \\ 2 & 0 & 1 & 2 \\ 1 & 1 & 0 & 1 \\ 0 & 2 & 1 & 0 \end{bmatrix} \end{array}$$

단순그래프일 경우 인접리스트 방법이 사용된다.
다음의 단순그래프를 생각해보자.

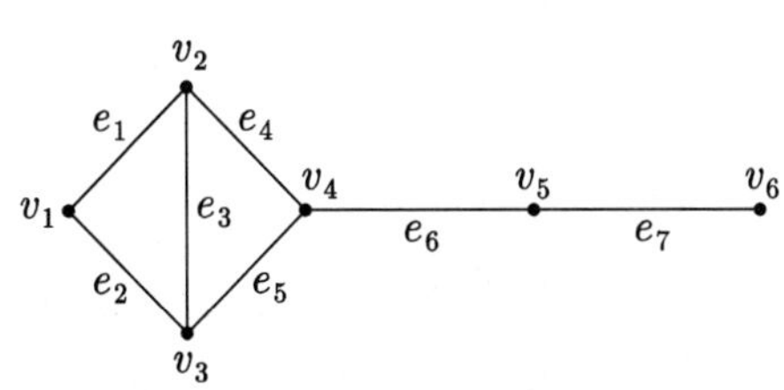

다음을 알 수 있다.

v_1 : v_2, v_3

v_2 : v_1, v_3, v_4

v_3 : v_1, v_2, v_4

v_4 : v_2, v_3, v_5

v_5 : v_4, v_6

v_6 : v_5

위의 그래프를 나타낸다.

정점표		인접리스트				
$(v_1, \bullet)$	$\rightarrow$	$(v_2, \bullet)$	$\rightarrow$	$(v_3, \varnothing)$		
$(v_2, \bullet)$	$\rightarrow$	$(v_1, \bullet)$	$\rightarrow$	$(v_3, \bullet)$	$\rightarrow$	$(v_4, \varnothing)$
$(v_3, \bullet)$	$\rightarrow$	$(v_1, \bullet)$	$\rightarrow$	$(v_2, \bullet)$	$\rightarrow$	$(v_4, \varnothing)$
$(v_4, \bullet)$	$\rightarrow$	$(v_2, \bullet)$	$\rightarrow$	$(v_3, \bullet)$	$\rightarrow$	$(v_5, \varnothing)$
$(v_5, \bullet)$	$\rightarrow$	$(v_4, \bullet)$	$\rightarrow$	$(v_6, \varnothing)$		
$(v_6, \bullet)$	$\rightarrow$	$(v_5, \varnothing)$				

7.2 길과 경로

정의

그래프 $G=(V, E, R)$의 정점 u에서 정점 v로의 길(walk)은 정점 u를 시작정점, 정점 v를 끝정점으로 하는 정점과 모서리의 교대수열이다.
만약 $u=v$인 경우 닫힌길이라 하고 그렇지 않으면 열린길이라 한다.
길의 길이는 모서리의 개수이다.

다음 그래프를 생각하자.

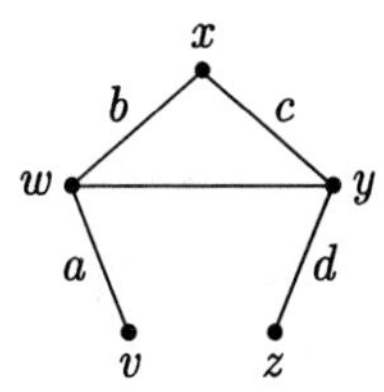

그림 1

예제 1 다음의 교대수열은 정점 v에서 정점 z로의 열린길이다.

$$vawbxbweydz$$

예제 2 다음의 교대수열은 정점 y에서 정점 y로의 닫힌길이다.

$$yewbxcy$$

정의

그래프 $G=(V, E, R)$에서 어떤 정점이나 모서리도 반복되지 않는 길을 경로(path)라고 한다. 단, 닫힌길의 시작정점과 끝정점은 예외이다.
또한 닫힌경로를 사이클(cycle)이라 한다.

예제 3 다음 길은 경로이다.

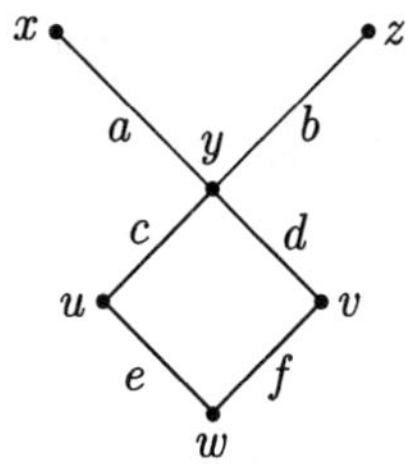

$$xaybz$$

예제 4 다음 길은 경로이다.

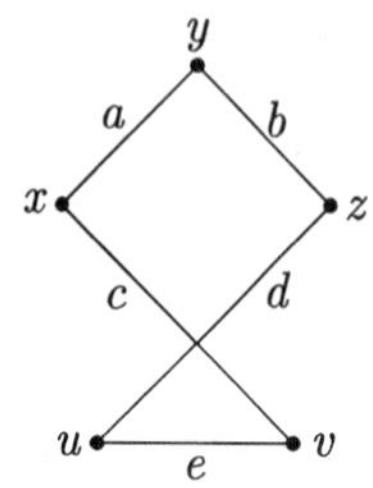

$xaybzduevcx$

정리 1

그래프 $G=(V, E, R)$의 정점 u에서 정점 v로의 열린길은 정점 u에서 정점 v로의 경로를 포함한다.

그림 1에서 다음의 교대수열은 정점 v에서 정점 z로의 열린길이다.

$$vawbxbweydz$$

이 열린길은 다음의 정점 v에서 정점 z로의 경로를 포함한다.

$$vaweydz$$

정의

그래프 $G=(V, E, R)$의 정점 u, 정점 v에 대해서 정점 u에서 정점 v로의 경로가 있다면 그래프 $G=(V, E, R)$는 연결되었다라고 한다.

예제 5 다음 그래프는 연결되었다.

예제 6 다음 그래프는 연결되지 않았다.

정의

연결그래프 $G=(V, E, R)$에서 브릿지는 그 모서리가 제거되면 그래프가 더 이상 연결되지 않는 성질을 갖는 모서리이다.

예제 7 다음 연결그래프에서 모서리 e_1, e_3, e_6는 브릿지이다.

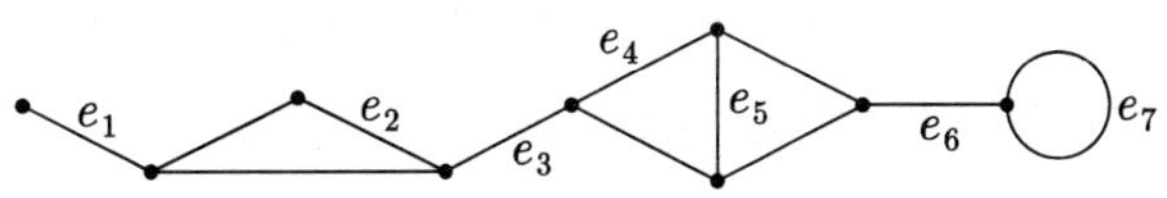

정리 2

그래프의 인접행렬 A에 대해서 A^m의 ij성분은 다음과 같다.
정점 v_i에서 정점 v_j로 가는 길이 m인 경로의 수

예제 8 다음 그래프를 생각해 보자.

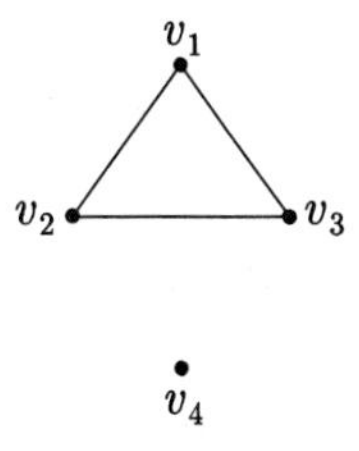

위의 그래프에 대한 인접행렬 A는 다음과 같다.

$$A=\begin{bmatrix}0&1&1&0\\1&0&1&0\\1&1&0&0\\0&0&0&0\end{bmatrix}$$

또한 다음을 알 수 있다.

$$A^2=\begin{bmatrix}2&1&1&0\\1&2&1&0\\1&1&2&0\\0&0&0&0\end{bmatrix}\qquad A^3=\begin{bmatrix}2&3&3&0\\3&2&3&0\\3&3&2&0\\0&0&0&0\end{bmatrix}$$

그 결과 다음과 같다.

v_1에서 v_1으로 가는 길이가 2인 경로의 수는 2임을 알 수 있다.

v_1에서 v_2으로 가는 길이가 2인 경로의 수는 1임을 알 수 있다.

v_1에서 v_3으로 가는 길이가 2인 경로의 수는 1임을 알 수 있다.

v_1에서 v_4으로 가는 길이가 2인 경로의 수는 0임을 알 수 있다.

또한 다음과 같다.

v_1에서 v_1으로 가는 길이가 3인 경로의 수는 2임을 알 수 있다.

v_1에서 v_2으로 가는 길이가 3인 경로의 수는 3임을 알 수 있다.

v_1에서 v_3으로 가는 길이가 3인 경로의 수는 3임을 알 수 있다.

v_1에서 v_4으로 가는 길이가 3인 경로의 수는 0임을 알 수 있다.

예제 9 다음 그래프를 생각해 보자.

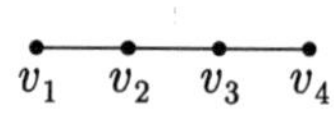

위의 그래프에 대한 인접행렬 A는 다음과 같다.

$$A=\begin{bmatrix}0&1&0&0\\1&0&1&0\\0&1&0&1\\0&0&1&0\end{bmatrix}$$

또한 다음을 알 수 있다.

$$A^2 = \begin{bmatrix} 1 & 0 & 1 & 0 \\ 0 & 2 & 0 & 1 \\ 1 & 0 & 2 & 0 \\ 0 & 1 & 0 & 1 \end{bmatrix} \qquad A^3 = \begin{bmatrix} 0 & 2 & 0 & 1 \\ 2 & 0 & 3 & 0 \\ 0 & 3 & 0 & 2 \\ 1 & 0 & 2 & 0 \end{bmatrix}$$

그 결과 다음과 같다.

v_1에서 v_1으로 가는 길이가 2인 경로의 수는 1임을 알 수 있다.

v_1에서 v_2으로 가는 길이가 2인 경로의 수는 0임을 알 수 있다.

v_1에서 v_3으로 가는 길이가 2인 경로의 수는 1임을 알 수 있다.

v_1에서 v_4으로 가는 길이가 2인 경로의 수는 0임을 알 수 있다.

또한 다음과 같다.

v_1에서 v_1으로 가는 길이가 3인 경로의 수는 0임을 알 수 있다.

v_1에서 v_2으로 가는 길이가 3인 경로의 수는 2임을 알 수 있다.

v_1에서 v_3으로 가는 길이가 3인 경로의 수는 0임을 알 수 있다.

v_1에서 v_4으로 가는 길이가 3인 경로의 수는 1임을 알 수 있다.

정의

그래프 $G=(V, E, R)$에서 오일러 회로(Euler circuit)는 각 모서리들이 정확하게 한 번 씩만 나타나는 길이다.

예제 10 다음 그래프는 오일러 회로가 존재한다.

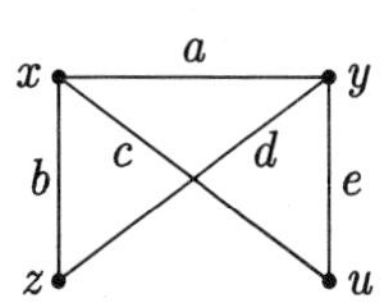

$xcueydzbxay$

위의 그래프는 홀수정점 두 개 x, y, 짝수정점 두 개 z, u가 존재한다.

오일러 회로는 홀수정점 x를 시작정점으로 해서 다른 홀수정점 y를 끝정점으로 갖는다.

예제 11 다음 그래프는 오일러 회로가 존재한다.

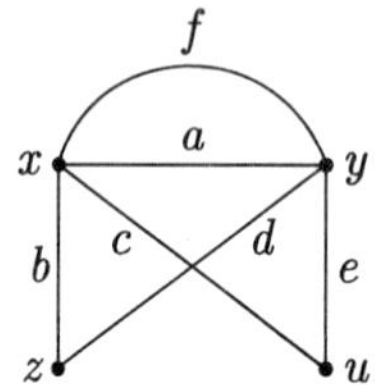

$xcueydzbxayfx$

위의 그래프는 짝수정점 네 개 x, y, z, u가 존재한다.
오일러 회로는 짝수정점 x를 시작정점으로 해서 짝수정점 x를 끝정점으로 갖는다.

정리 3

그래프 $G=(V, E, R)$를 연결그래프라고 하자. 그래프가 오일러 회로일 필요충분조건은 홀수정점이 0 또는 2인 경우이다.

홀수정점이 0인 경우 시작정점과 끝정점은 같고 어느 정점을 시작정점으로 하여도 오일러 회로가 존재한다.

홀수정점이 2인 경우 홀수정점을 시작정점으로 해서 다른 홀수정점을 끝정점으로 하는 오일러 회로가 존재한다.

다음 그래프는 오일러 회로가 존재하지 않는다.

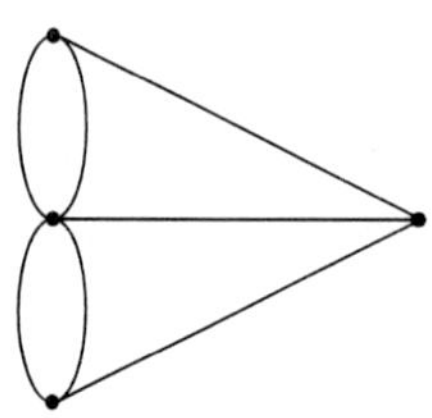

위의 그래프는 홀수정점이 네 개이므로 정리에 의해서 오일러 회로가 존재하지 않는

다.

정의

그래프 $G=(V,\ E,\ R)$가 교차하는 모서리없이 평면에 그려질 수 있는 경우 평면성을 갖는다 또는 평면그래프(planar graph)라고 한다.

정의

그래프 $G=(V,\ E,\ R)$가 교차하는 모서리없이 평면에 그려질 수 있는 경우 평면은 그래프의 모서리들에 의해서 영역(region)으로 나뉜다. 그 영역을 면(face)이라 부르고 그래프 밖의 영역도 면으로 간주한다.

보기 완전그래프 K_4는 평면성을 갖는다.

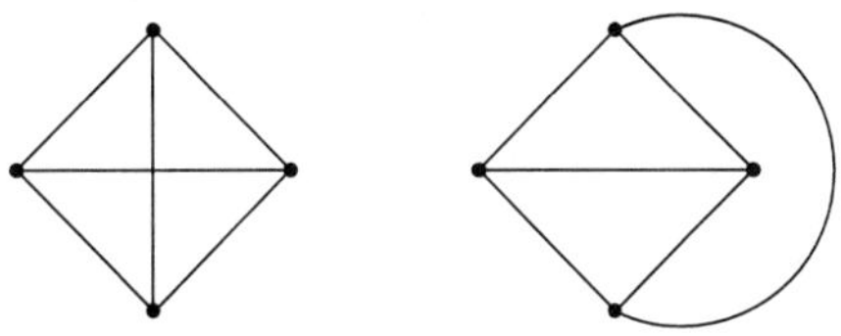

정리 4

오일러 정리 그래프 $G=(V,E,R)$가 p개의 정점과 q개의 모서리 그리고 r개의 면을 갖는 평면그래프라고 하자. 그러면 다음이 성립한다.

$$p-q+r=2$$

예제 12 완전그래프 K_4에서 다음을 알 수 있다.

완전그래프 K_4는 4개의 정점과 6개의 모서리 그리고 4개의 면을 갖는 평면그래프이다. 그 결과 다음이 성립한다.

$$4-6+4=2$$

❑

정리 5

그래프 $G=(V, E, R)$가 $p \geq 3$개의 정점과 q개의 모서리를 갖는 평면그래프이고 단순그래프라고 하자. 그 결과 다음이 성립한다.

$$q \leq 3p-6$$

정리 6

그래프 $G=(V, E, R)$가 p개의 정점과 q개의 모서리 그리고 r개의 면을 갖는 평면그래프이고 단순그래프라고 하자. $q>1$을 가정하면 다음이 성립한다.

$$3r \leq 2q$$

예제 13 완전그래프 K_5는 평면그래프가 아님을 설명하시오.

풀이 완전그래프 K_5는 5개의 정점과 10개의 모서리를 가지고 있다.

완전그래프 K_5가 평면그래프인 경우, 정리에 의해서 다음이 성립한다.

$$5-10+r=2$$

그 결과 다음을 알 수 있다.

$$r=7$$

그러나 다음이 성립하지 않는다.

$$3 \cdot 7 \leq 2 \cdot 10$$

그러므로 완전그래프 K_5는 평면그래프가 아니다. □

예제 14 완전 이분그래프 $K_{3,3}$는 평면그래프가 아님을 설명하시오.

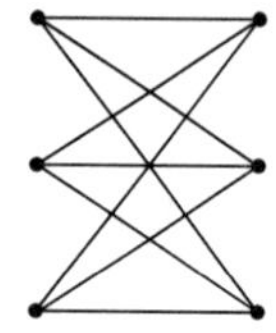

풀이 완전 이분그래프 $K_{3,3}$는 6개의 정점과 9개의 모서리를 가지고 있다.

완전 이분그래프 $K_{3,3}$가 평면그래프인 경우, 정리에 의해서 다음이 성립한다.

$$6-9+r=2$$

그 결과 다음을 알 수 있다.

$$r=5$$ ❑

위의 그림 에서 알 수 있듯이 세 개의 모서리로 구성된 면을 존재하지 않는다.
그 결과 모든 면은 네 개 이상의 모서리로 구성되었음을 알 수 있다.
네 개 이상의 모서리로 구성된 다섯 개의 면에는 적어도 10개의 모서리가 필요하다.
그러나 9개의 모서리를 가지고 있으므로 평면그래프가 아니다.

정리 7

그래프 $G=(V, E, R)$가 평면그래프가 아닐 필요충분조건은 다음과 같다.
완전 이분그래프 $K_{3,3}$ 또는 완전그래프 K_5와 준동형인 부분그래프를 포함한다.

정의

단순그래프 $G=(V, E, R)$의 색칠은 다음과 같다.
$\forall v_1, v_2 \in V,\ \exists e \in E\ \ (e, v_1), (e, v_2) \in R$인 경우 다음을 만족한다.

$$v_1 \in V_1, \quad v_2 \in V_2 \quad V_1 \cap V_2 = \varnothing$$

이 때 $V=V_1 \cup V_2 \cup \cdots \cup V_n$을 만족하면 단순그래프 $G=(V, E, R)$의 색 수는 n이라 한다.

예제 15 완전그래프 K_n의 색 수는 n임을 알 수 있다.

풀이 두 개의 정점을 연결하는 모서리가 모두 존재함으로 어떤 두 개의 정점도 같은 V_i에 속할 수 없으므로 n개의 부분집합이 필요하다. ❑

예제 16 이분그래프와 완전 이분그래프의 색 수는 2임을 알 수 있다.

풀이 그래프 $G=(V, E, R)$에서 $V=V_1 \cup V_2$, $V_1 \cap V_2=\varnothing$를 만족하고 eRa, eRb $\Rightarrow a \in V_1$, $b \in V_2$이 성립하는 그래프를 이분그래프라고 하므로 필요한 색 수는 2임을 알 수 있다. ❑

예제 17 2-정규 그래프는 정점의 개수가 짝수이면 색 수가 2이고, 정점의 개수가 홀수이면 색 수가 3이다.

풀이 정점의 개수가 짝수이면 두 개의 색을 교대로 칠할 수 있다.

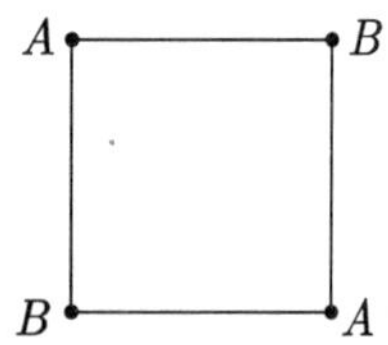

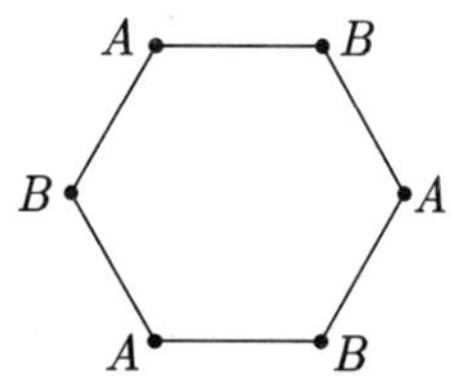

정점의 개수가 홀수이면 두 개의 색을 교대로 칠하고 나머지 정점에 세 번째 색을 칠한다.

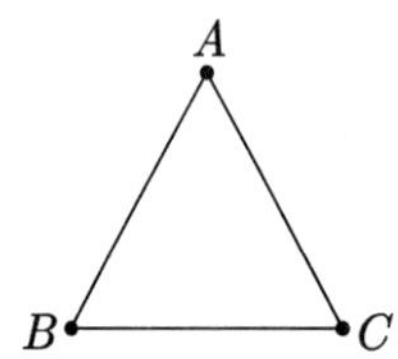

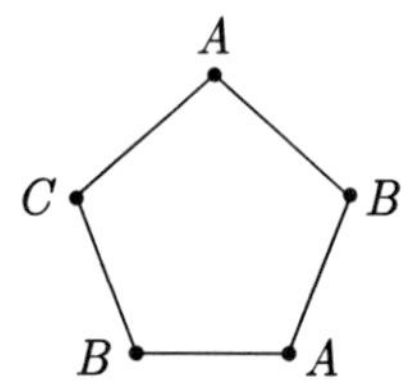

❑

예제 18 다음 그래프를 색칠할 경우 색 수를 구하시오

v_1의 차수=1

v_2, v_3, v_4, v_5의 차수=4

v_6의 차수=1

풀이 그래프는 다음과 같다.

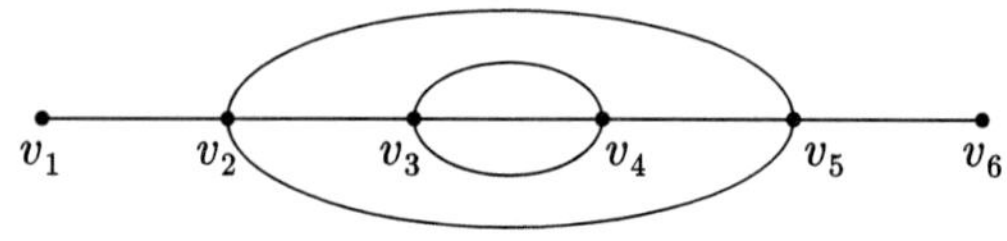

먼저 차수의 내림차순으로 정점을 배열하면 다음과 같다.

$$v_2,\ v_3,\ v_4,\ v_5,\ v_1,\ v_6$$

v_2를 A색으로 칠하고 v_2와 인접하지 않은 정점 v_4, v_6를 같은 A색으로 칠한다. 다음은 아직 색칠하지 않은 정점중에서 차수가 가장 큰 v_3를 B색으로 칠한다. v_3와 인접하지 않은 정점 v_1, v_5를 같은 B색으로 칠한다.

이 결과 위의 그래프는 2색 가능하다. ❑

정리 8

그래프 $G=(V, E, R)$에서 다음은 동치이다.

1) $G=(V, E, R)$는 2색 가능하다.

2) $G=(V, E, R)$는 이분그래프이다.

예제 19 다음 그래프는 2색 가능하다.

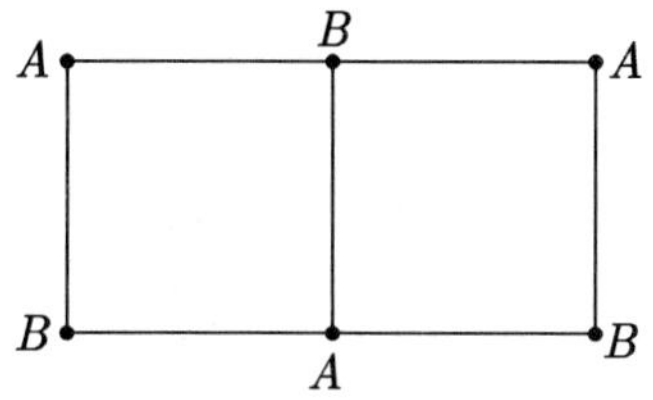

또한 다음 그래프는 이분그래프이다.

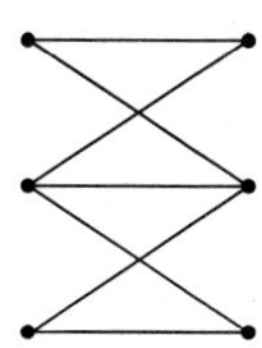

그리고 위의 두 그래프는 동형임을 알 수 있다.

정의

그래프 $G=(V, E, R)$에서 각 정점을 정확하게 한 번만 포함하는 경로를 해밀톤 경로(Hamilton path)라고 한다.
또한 그래프 $G=(V, E, R)$에서 각 정점을 정확하게 한 번만 포함하는 닫힌 경로를 해밀톤 사이클이라 한다.

예제 20 다음 그래프에는 해밀톤 경로가 존재한다.

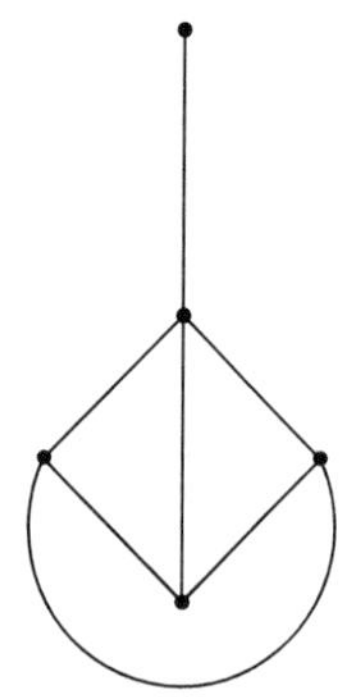

예제 21 다음 그래프에는 해밀톤 경로가 존재하지 않는다.

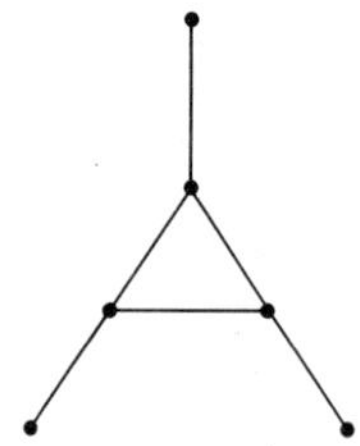

예제 22 다음 그래프에는 해밀톤 사이클이 존재하지 않는다.

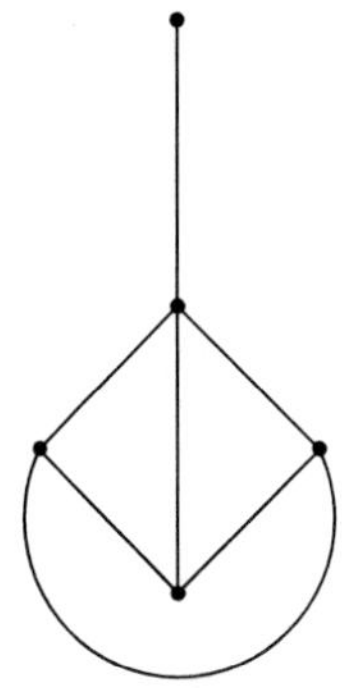

예제 23 다음 그래프에는 해밀톤 사이클이 존재한다.

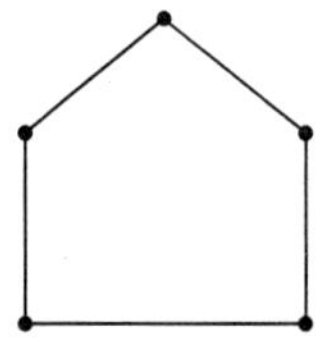

예제 24 완전 이분그래프 $K_{3,2}$에는 해밀톤 사이클이 존재하지 않는다.

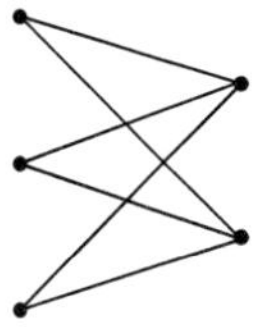

정리 9

정점의 개수가 n인 단순그래프 $G=(V, E, R)$에서 모든 정점의 차수가 $\frac{n}{2}$ 이상인 경우 해밀톤 사이클이 존재한다.

예제 25 다음 그래프에는 해밀톤 사이클이 존재한다.

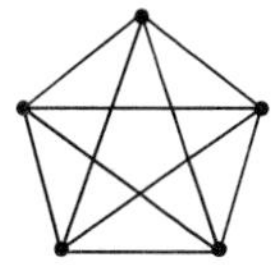

풀이 위 그래프의 정점의 개수는 5이고 각 정점의 차수는 4임을 알 수 있다. 그 결과 다음을 만족한다.

$$4 \geq \frac{5}{2}$$

정리에 의해서 해밀톤 사이클이 존재한다. ❑

정리 10

정점의 개수가 n인 단순그래프 $G=(V, E, R)$가 적어도 $\frac{1}{2}(n-1)(n-2)+2$개의 모서리를 갖는 경우 해밀톤 사이클이 존재한다.

예제 26 다음 그래프에는 해밀톤 사이클이 존재한다.

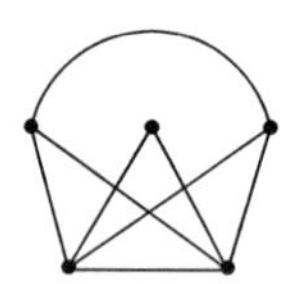

풀이 위의 그래프의 정점의 개수는 5이고 모서리의 개수는 8임을 알 수 있다. 그 결과 다음을 만족한다.

$$\frac{1}{2} \cdot 4 \cdot 3+2=8 \ \geq 8$$

정리에 의해서 해밀톤 사이클이 존재한다. ❑

정리 11

정점의 개수가 n인 단순그래프 $G=(V, E, R)$에서 접합되지 않은 두 정점 v, w에 대해서 다음이 성립하는 경우 해밀톤 사이클이 존재한다.

$$v\text{의 차수 } + w\text{의 차수} \geq n$$

예제 27 다음 그래프에는 해밀톤 사이클이 존재한다.

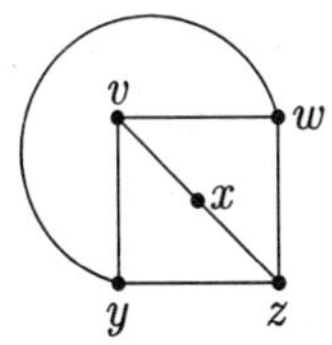

풀이 위의 그래프의 정점의 개수는 5이고 접합되지 않은 두 정점은 다음과 같다.

$$v, z \quad x, w \quad x, y$$

그 결과 다음을 만족한다.

$$v\text{의 차수} + z\text{의 차수} = 6 \geq 5$$
$$x\text{의 차수} + w\text{의 차수} = 5 \geq 5$$
$$x\text{의 차수} + y\text{의 차수} = 5 \geq 5$$

정리에 의해서 해밀톤 사이클이 존재한다. ❑

정의

무게그래프(weight graph)는 무게함수 $w: E \rightarrow R$라고 부르는 함수를 갖는 그래프.
단, E: 모서리의 집합, R: 실수의 집합.

예제 28 다음은 무게그래프를 나타낸다.

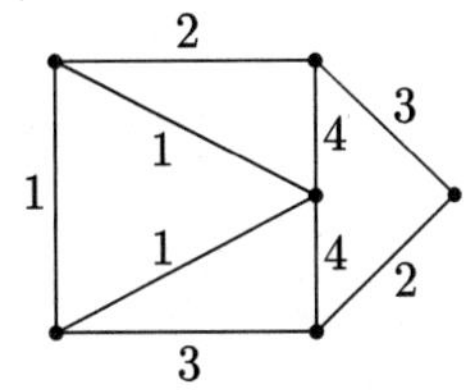

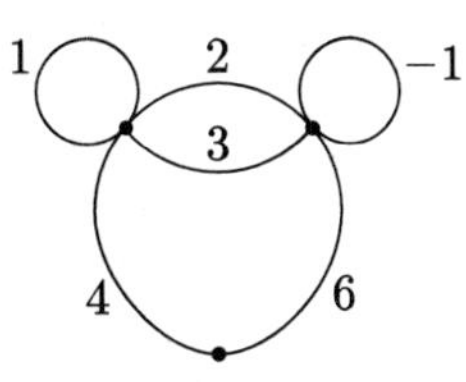

예제 29 다음은 완전그래프 K_4에 기초한 무게그래프를 나타낸다.

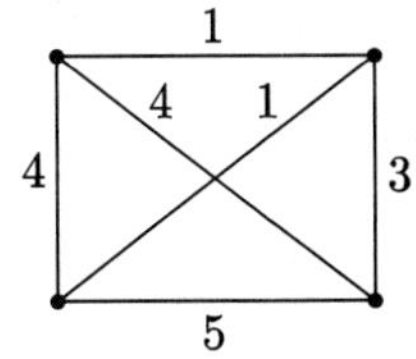

완전그래프 K_4에는 세 개의 해밀톤 사이클이 존재한다.

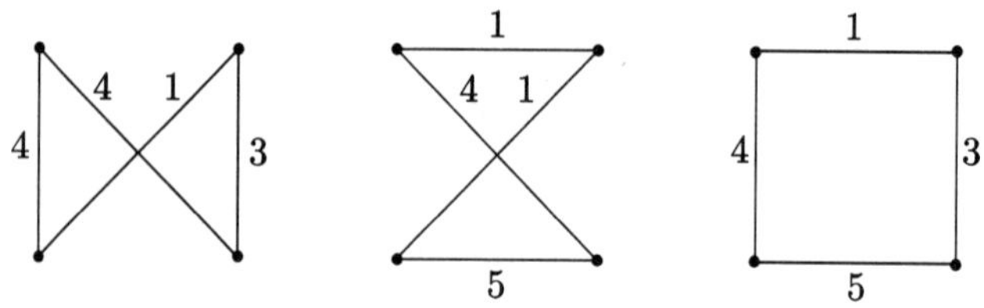

세 개의 해밀톤 사이클의 무게의 합은 12, 11, 13임을 알 수 있다.
이 중에서 가장 작은 무게의 합은 11이다.

7.3 방향 그래프

정의

방향그래프(directed graph) $G=(V, E, v_s, v_e)$는 그래프와 다음과 같은 두 개의 함수 $v_s, v_e : E \to V$로 구성된다.

$$v_s(e):e\text{의 시작정점}, \quad v_e(e):e\text{의 끝정점}$$

예제 1 $V=\{a,b,c\}$, $E=\{f,g,h,i,j\}$ 그리고 v_s, v_e는 다음과 같다.

	v_s	v_e
f	b	a
g	a	c
h	c	b
i	c	c
j	b	c

방향그래프를 구하시오.

풀이 |

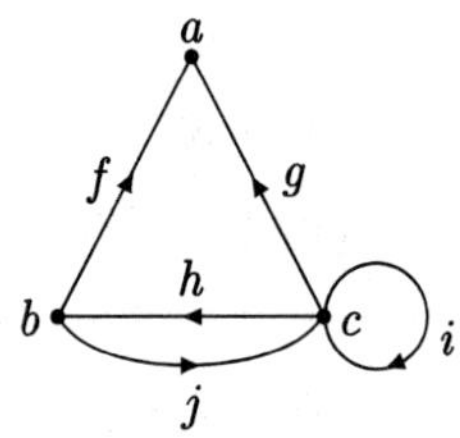

❑

정의

방향그래프 $G=(V, E, v_s, v_e)$에서 방향성을 제거하여 구할 수 있는 그래프를 기간 그래프라고 한다.

정의

루프나 다중모서리가 없는 방향그래프를 단순 방향그래프라고 한다.
단, 같은 정점들에 접합한 방향이 다른 두 개의 모서리는 다중모서리가 아니다.

예제 2 다음은 단순 방향그래프이다.

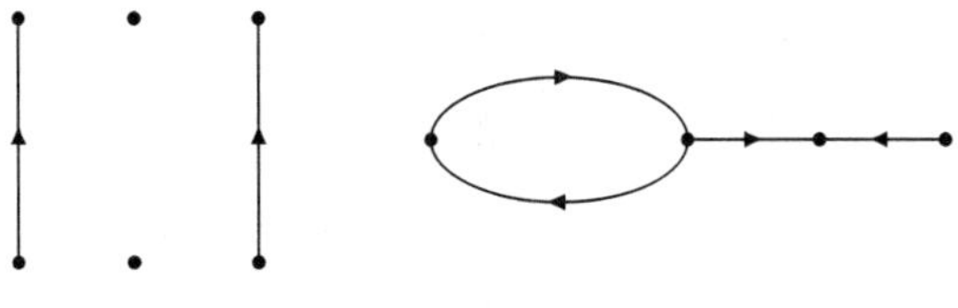

예제 3 다음은 단순 방향그래프가 아니다.

정의

방향그래프 $G=(V, E, v_s, v_e)$의 정점 v의 출력차수(outdegree)는 다음과 같이 정의한다.

v가 시작정점인 모서리의 개수

방향그래프 $G=(V, E, v_s, v_e)$의 정점 v의 입력차수(indegree)는 다음과 같이 정의한다.

v가 끝정점인 모서리의 개수

예제 4 다음 방향그래프에서 정점의 출력차수와 입력차수를 구하시오.

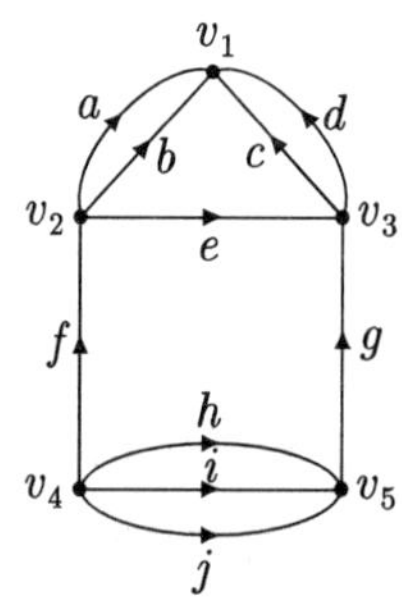

풀이 |

	출력차수	입력차수
v_1	0	4
v_2	3	1
v_3	2	2
v_4	4	0
v_5	1	3

❑

정리 1

방향그래프 $G=(V, E, v_s, v_e)$에서 다음이 성립한다.

출력차수의 총합 = 입력차수의 총합 = 모서리 개수의 총합

위의 예제에서 다음을 알 수 있다.

출력차수의 총합 = 입력차수의 총합 = 모서리 개수의 총합 = 10

정의

방향그래프 $G=(V, E, v_s, v_e)$의 정점 u에서 정점 v로의 방향길은 정점 u를 시작정점, 정점 v를 끝정점으로 하는 정점과 모서리의 교대수열이다.
만약 $u=v$인 경우 닫힌 방향길이라 하고, 그렇지 않으면 열린 방향길이라 한다.
방향길의 길이는 모서리의 개수이다.

정의

방향그래프 $G=(V, E, v_s, v_e)$에서 어떤 정점이나 모서리도 반복되지 않는 방향길을 방향경로라고 한다. 단, 닫힌 방향길의 시작정점과 끝정점은 예외이다.
또한 닫힌 방향경로를 방향사이클이라 한다.

예제 위의 그림에서 다음은 방향경로이다.

$$v_4 f v_2 b v_1$$

정의

방향그래프 $G=(V, E, v_s, v_e)$의 기간그래프가 연결 그래프인 경우, 방향그래프 $G=(V, E, v_s, v_e)$가 연결(connected)되었다라고 한다.

정의

방향그래프 $G=(V, E, v_s, v_e)$의 모든 정점 v,w에 대해서 v에서 w로의 방향경로가 존재하면 방향그래프 $G=(V, E, v_s, v_e)$가 강한 연결(strongly connected)이 되었다라고 한다.

예제 5 다음의 그래프는 연결되었다. 그러나 강한 연결이 되었다라고 하지 않는다.

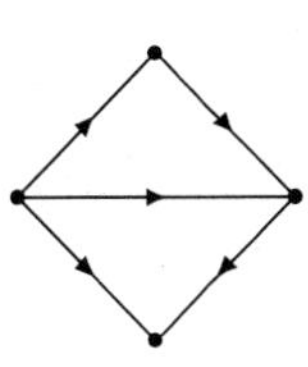

예제 6 다음의 그래프는 연결되었다. 그리고 강한 연결이되었다.

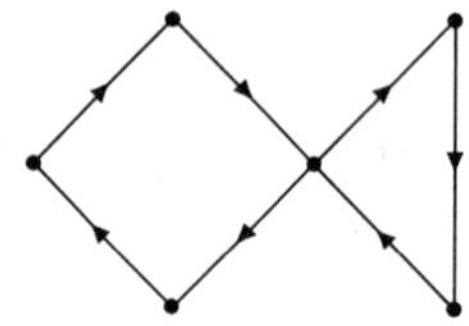

예제 7 다음 방향그래프 $G=(V, E, v_s, v_e)$의 인접행렬을 구하시오.

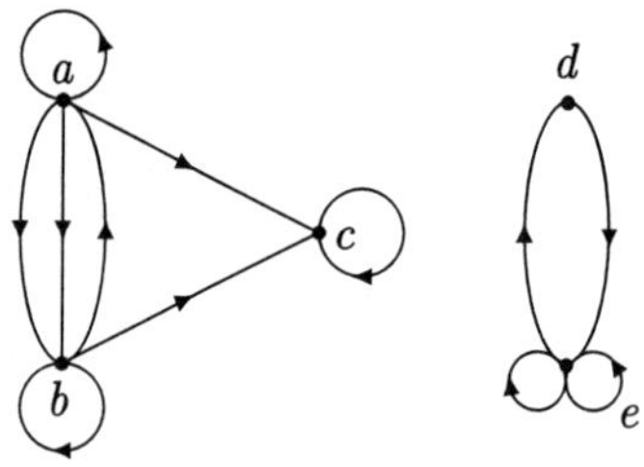

풀이

$$\begin{bmatrix} 1 & 2 & 1 & 0 & 0 \\ 1 & 1 & 1 & 0 & 0 \\ 0 & 0 & 1 & 0 & 0 \\ 0 & 0 & 0 & 0 & 1 \\ 0 & 0 & 0 & 1 & 2 \end{bmatrix}$$

❑

예제 8 다음의 인접행렬에서 방향그래프 $G=(V, E, v_s, v_e)$를 구하시오.

$$\begin{bmatrix} 0 & 0 & 0 & 0 & 0 \\ 2 & 0 & 1 & 0 & 0 \\ 0 & 0 & 0 & 4 & 0 \\ 0 & 0 & 0 & 0 & 1 \\ 2 & 1 & 0 & 0 & 0 \end{bmatrix}$$

풀이

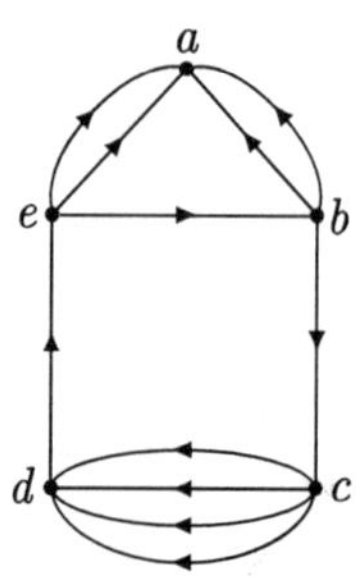

❑

예제 9 $X=\{a,\ b,\ c\}$인 경우 $P(X)$에서 부분집합의 관계를 나타내는 방향그래프를 구하시오.

풀이 ‖

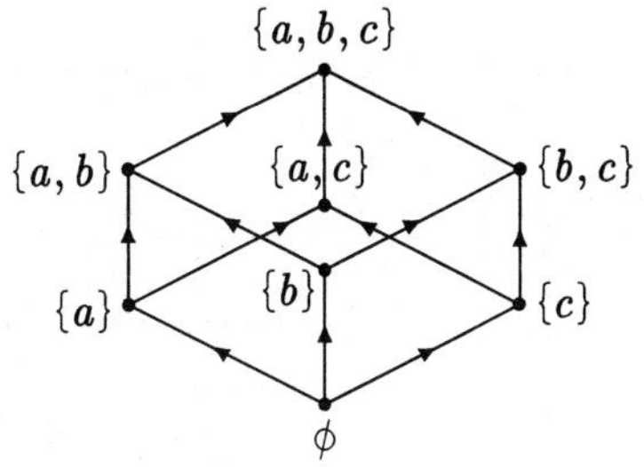

❑

연습문제

01. 다음 그래프 $G=(V, E, R)$에서 V, E, R을 구하시오.

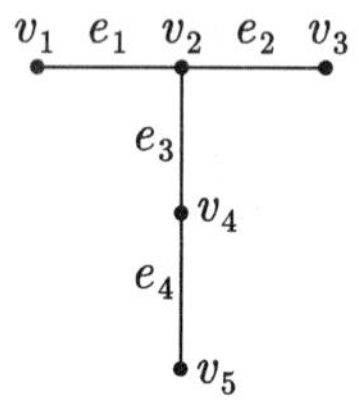

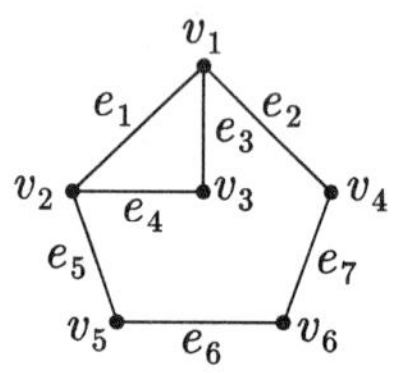

02. 그래프 $G=(V, E, R)$는 다음과 같다.

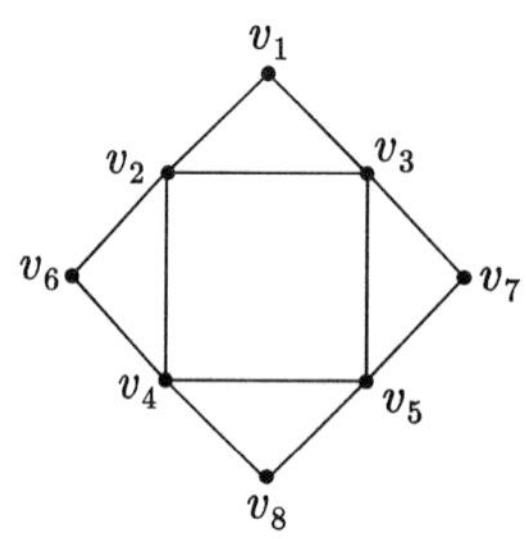

$W=\{v_1, v_3, v_4, v_5\}$에 의해서 유도된 부분그래프를 구하시오.

03. 다음 그래프에서 정점의 차수를 구하시오.

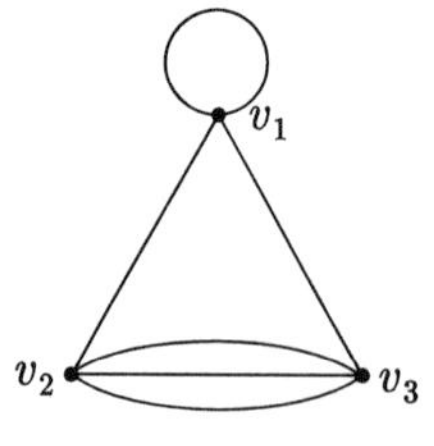

04. 다음 두 그래프는 동형임을 설명하시오.

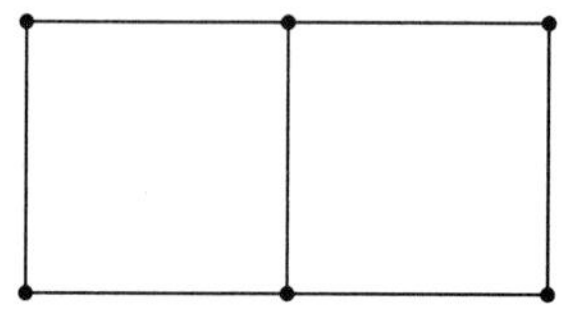

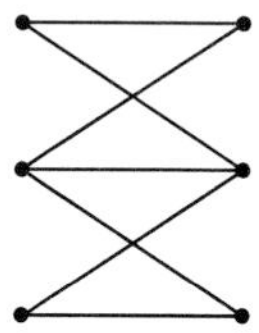

05. 다음 그래프에서 정점 v_1에서 v_2로의 경로를 구하시오.

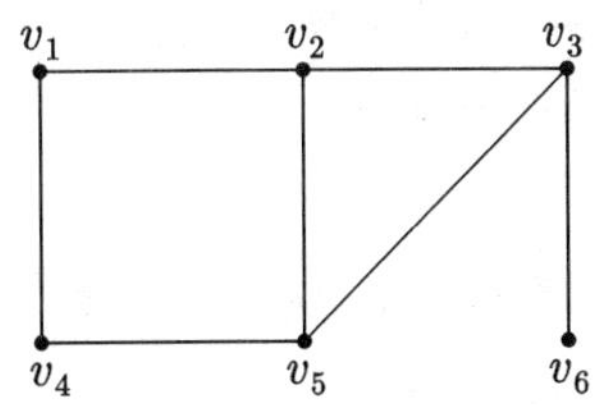

06. 다음 그래프에 오일러 회로가 존재함을 설명하시오.

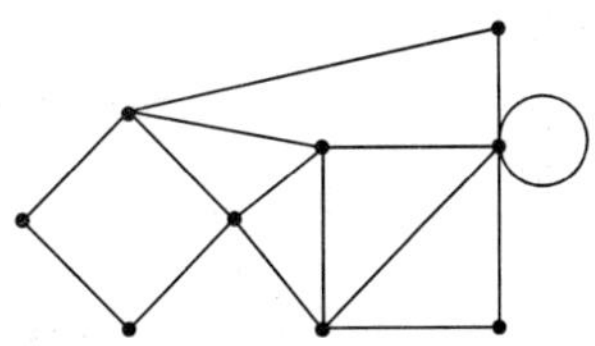

07. 다음 그래프의 연결 여부를 설명하시오.

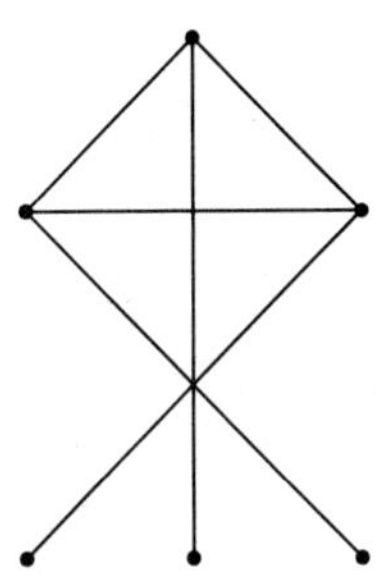

08. 다음 두 그래프는 동형이 아님을 설명하시오.

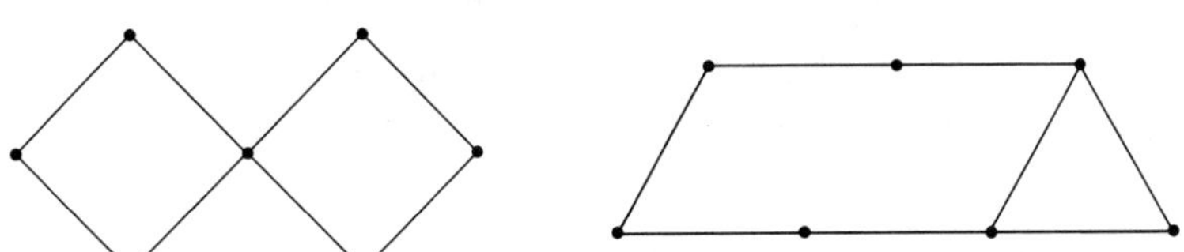

09. 다음 그래프를 구하시오.

(1) $K_{8,1}$ (2) $K_{6,2}$

10. 다음 그래프를 구하시오.

(1) 8개의 정점으로 구성된 2-정규그래프

(2) 8개의 정점으로 구성된 3-정규그래프

11. 다음 그래프에 대응하는 인접행렬과 접합행렬을 구하시오.

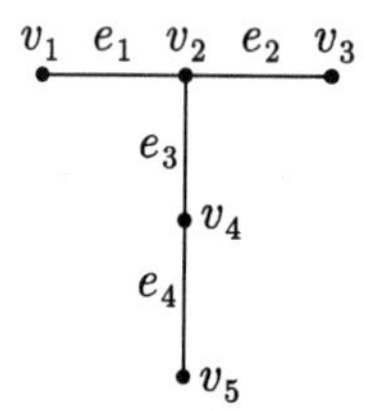

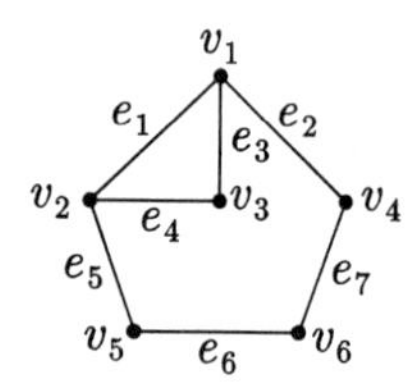

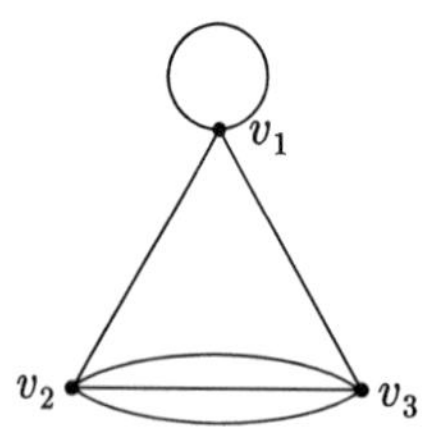

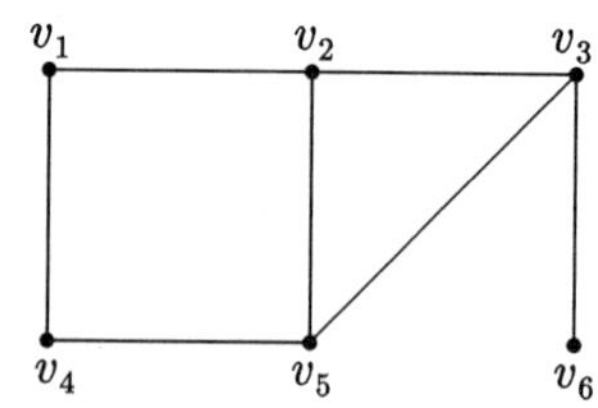

12. 다음 인접행렬에 대응하는 그래프를 구하시오.

$$\begin{bmatrix} 0 & 2 & 0 & 1 \\ 2 & 0 & 3 & 0 \\ 0 & 3 & 0 & 2 \\ 1 & 0 & 2 & 0 \end{bmatrix} \qquad \begin{bmatrix} 1 & 0 & 1 & 0 \\ 0 & 2 & 0 & 1 \\ 1 & 0 & 2 & 0 \\ 0 & 1 & 0 & 1 \end{bmatrix}$$

$$\begin{bmatrix} 0 & 1 & 1 & 0 & 2 \\ 1 & 0 & 3 & 0 & 1 \\ 1 & 3 & 0 & 2 & 0 \\ 0 & 0 & 2 & 0 & 1 \\ 2 & 1 & 0 & 1 & 4 \end{bmatrix} \qquad \begin{bmatrix} 1 & 1 & 0 & 0 & 4 \\ 1 & 1 & 1 & 3 & 2 \\ 0 & 1 & 1 & 0 & 0 \\ 0 & 3 & 0 & 0 & 1 \\ 4 & 2 & 0 & 1 & 2 \end{bmatrix}$$

13. 다음 그래프는 오일러 회로가 존재함을 설명하시오.

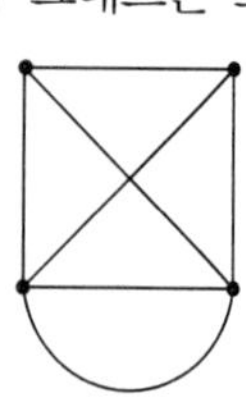

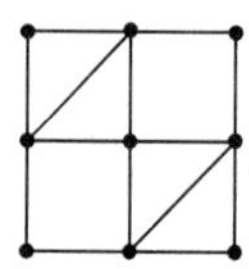

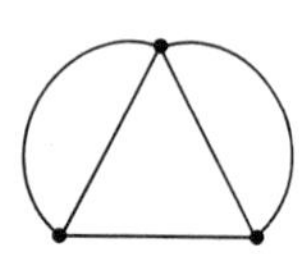

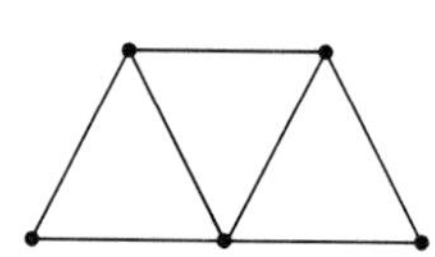

14. 다음 그래프의 색수를 구하시오.

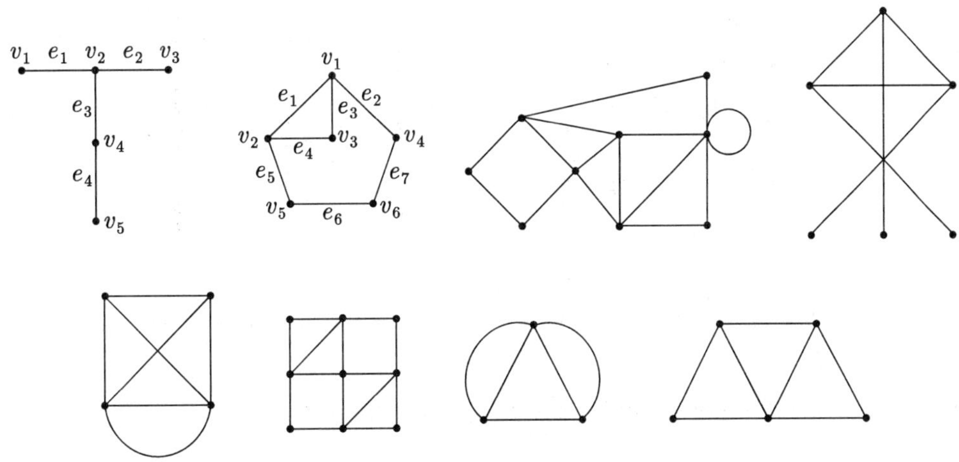

15. 다음 인접행렬에 대응하는 방향그래프를 구하시오.

$$\begin{bmatrix} 0&2&2&1 \\ 2&0&2&0 \\ 1&3&0&2 \\ 1&0&1&0 \end{bmatrix} \qquad \begin{bmatrix} 1&2&1&1 \\ 0&2&0&1 \\ 0&0&2&0 \\ 0&0&0&1 \end{bmatrix}$$

$$\begin{bmatrix} 0&1&2&0&0 \\ 1&0&2&0&1 \\ 1&3&0&2&0 \\ 0&0&0&0&2 \\ 2&1&0&1&4 \end{bmatrix} \qquad \begin{bmatrix} 1&3&0&0&1 \\ 1&1&1&0&0 \\ 0&1&1&0&0 \\ 0&3&0&0&1 \\ 4&2&0&0&2 \end{bmatrix}$$

16. 다음 방향그래프에 대응하는 인접행렬을 구하시오.

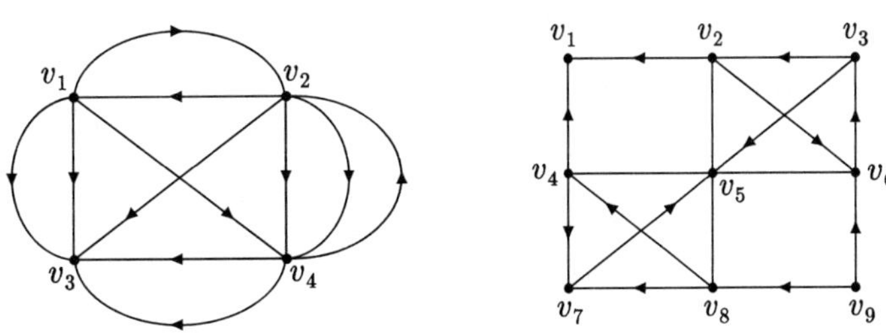

17. 다음 방향그래프에서 정점의 출력차수와 입력차수를 구하시오.

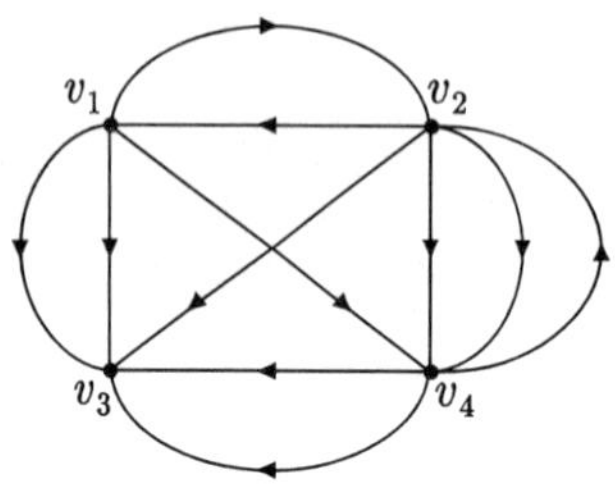

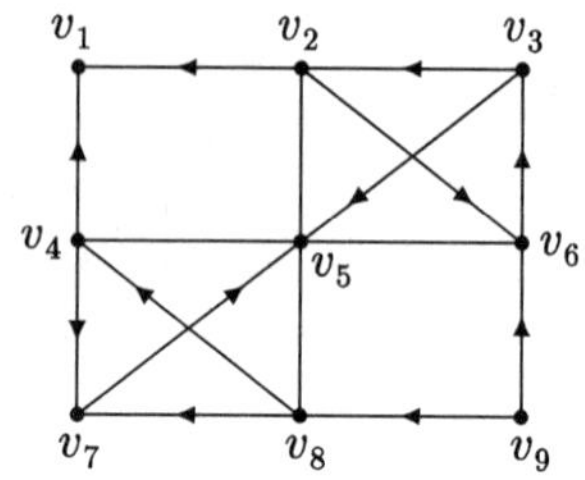

18. 5개의 정점을 가지는 연결그래프는 적어도 4개의 모서리를 가짐을 설명하시오.

19. 3-정규그래프에서 해밀톤 사이클의 존재 여부를 설명하시오.

20. 다음 그래프에 최소의 모서리를 추가하여 오일러 회로를 구하시오.

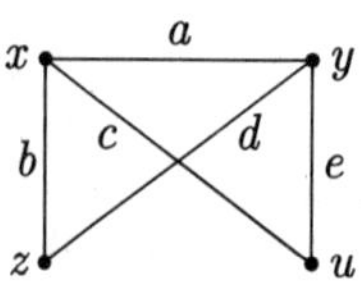

Chapter_ 8

트리

8.1 트리의 성질

정의

사이클이 없는 연결 그래프를 트리(tree)라고 한다. 트리를 어사이클(acycle) 연결 그래프라고도 한다.

예제 1 다음 그래프는 트리이다.

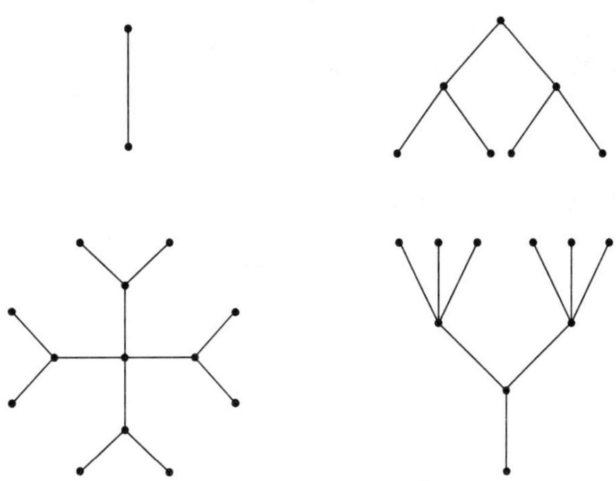

정리 1

두 개 이상의 정점을 가지는 트리는 차수 1인 정점이 적어도 2개 존재한다.
차수가 1인 정점을 잎(leaf)이라 한다.

정리 2

다음은 서로 동치이다.

1) n개의 정점을 가지는 연결 그래프가 트리이다.
2) 그래프에 $n-1$개의 모서리가 존재한다.

예제 2 다음 그래프는 트리가 아니다.

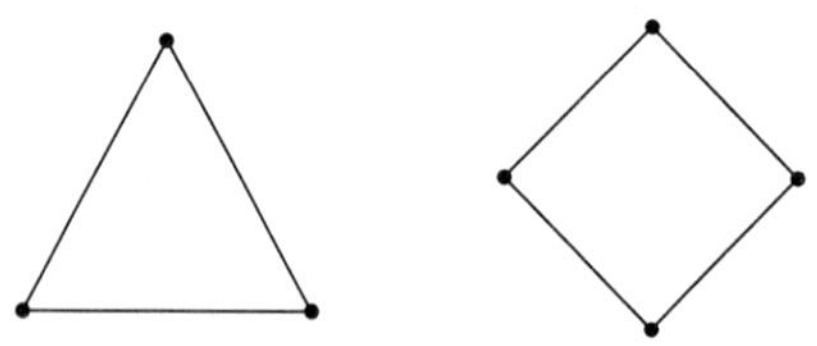

풀이 정점이 3개이고 모서리도 3개이므로 트리가 아니다.
또한 정점이 4개이고 모서리도 4개이므로 트리가 아니다. ❑

정리 3

다음은 서로 동치이다.

1) 단순 그래프가 트리이다.
2) 각 정점들 사이에 한 개의 경로만 존재한다.

예제 3 다음 그래프는 트리가 아니다.

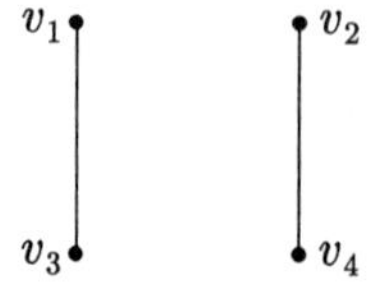

풀이 v_1과 v_2 사이에 경로가 존재하지 않는다. ❑

정리 4

다음은 서로 동치이다.

(1) 그래프가 트리이다.

(2) 연결 그래프의 모든 모서리가 브릿지이다.

정리 5

p개의 정점과 q개의 모서리를 가진 트리 T에서 다음은 서로 동치이다.

(1) T는 트리이다.

(2) 임의의 두 정점에 대해서 한 개의 경로가 존재한다.

(3) T는 연결 그래프이고 $q = p - 1$이 성립한다.

(4) T는 연결 그래프이지만 임의의 한 모서리가 제거되면 그래프는 더 이상 연결되지 않는다.

(5) T는 어사이클 그래프이고 $q = p - 1$이 성립한다.

(6) T는 어사이클 그래프이지만 임의의 한 모서리가 첨가되면 그래프에는 사이클이 존재한다.

(7) T는 어사이클 이분그래프이다.

(8) T는 2-색가능하다.

예제 4 다음 그래프는 트리이다.

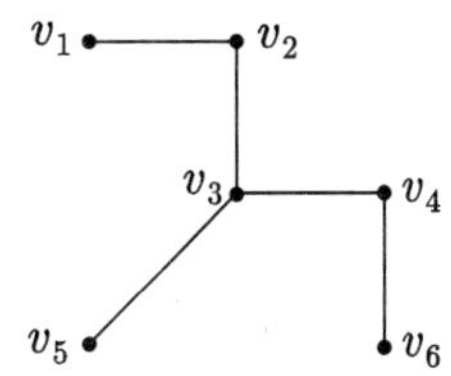

그러나 두 정점 v_3, v_4에 접합된 모서리가 제거되면 그래프는 더 이상 연결되지 않는다.

예제 5 다음 그래프는 트리이다.

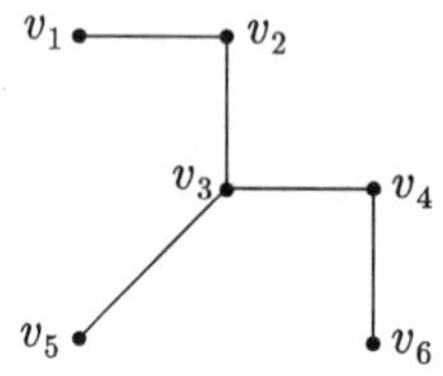

그러나 두 정점 v_2, v_4에 접합된 모서리가 첨가되면 그래프에는 사이클이 존재한다.

예제 6 다음 그래프는 트리이다.

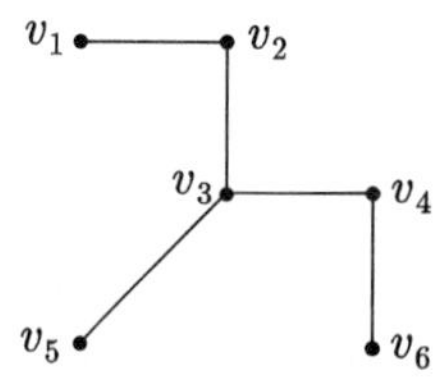

위의 그래프는 다음의 이분그래프와 동형이다.

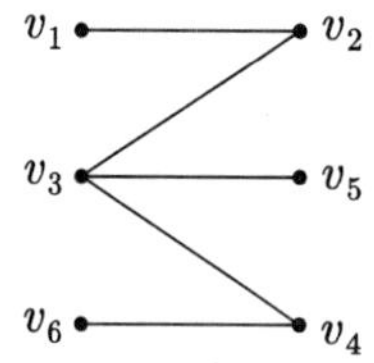

정의

뿌리를 가진 트리는 다음과 같은 방향그래프이다.

(1) 기간그래프는 트리이다.

(2) 각 정점의 입력차수는 0 또는 1이다.

예제 7 다음은 뿌리를 가진 트리이다.

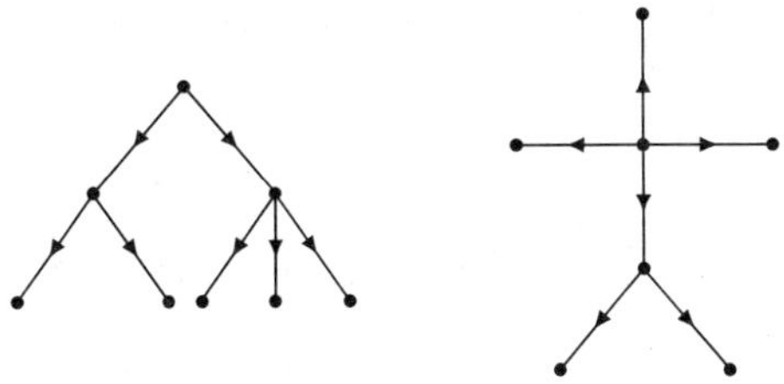

풀이 뿌리를 가진 트리에서 다음을 알 수 있다.

(1) 한 개의 정점만이 입력차수가 0이다.

(2) 입력차수가 0인 정점을 제외하고 모든 정점의 입력차수는 1이다.

(3) 입력차수가 0인 정점을 뿌리를 가진 트리의 뿌리라고 한다. ❑

정리 6

뿌리를 가진 트리에서 뿌리에서 임의의 정점으로 유일한 방향 경로가 존재한다.

예제 8 다음의 뿌리를 가진 트리에서 뿌리에서 정점 v_9로의 방향 경로를 구하시오.

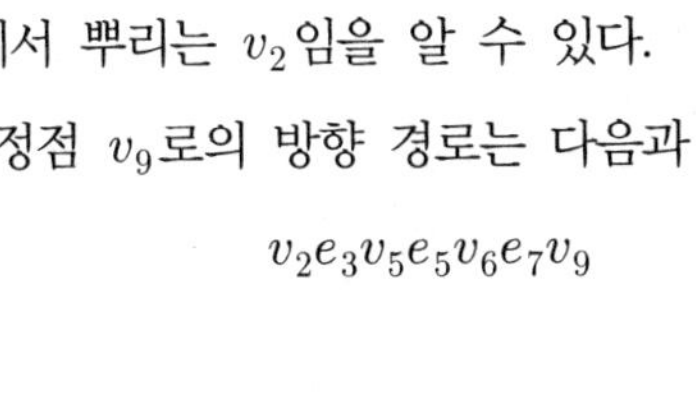

풀이 뿌리를 가진 트리에서 뿌리는 v_2임을 알 수 있다.

그 결과 뿌리에서 정점 v_9로의 방향 경로는 다음과 같다.

$$v_2e_3v_5e_5v_6e_7v_9$$

❑

정의

뿌리를 가진 트리에서 정점 v의 깊이는 뿌리에서 정점 v로의 경로의 길이이다.
뿌리를 가진 트리의 깊이는 각 정점의 깊이의 최대값이다.

정의

정점 u에서 정점 v로의 모서리가 존재하면 u를 v의 부모(parent)라 하고, v를 u의 자식(child)이라 한다.
만약 v와 w가 같은 부모를 갖는 경우, v와 w는 형제(sibling)라고 한다.
정점 u에서 정점 v로의 방향경로가 존재하면 u를 v의 선조(ancestor)라 하고, v를 u의 후손(descendent)이라 한다.

예제 9 다음 뿌리를 가진 트리에서 다음을 알 수 있다.

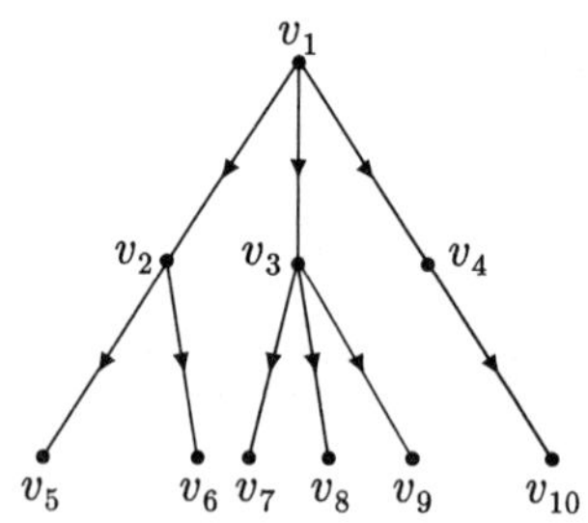

(1) v_1 : v_2, v_3, v_4의 부모

(2) v_2 : v_5, v_6의 부모

(3) v_3 : v_7, v_8, v_9의 부모

(4) v_4 : v_{10}의 부모

(5) v_2, v_3, v_4 : v_1의 자식

(6) v_5, v_6 : v_2의 자식

(7) v_7, v_8, v_9 : v_3의 자식

(8) v_{10} : v_4의 자식

(9) v_1 : $v_5, v_6, v_7, v_8, v_9, v_{10}$의 선조

(10) $v_5, v_6, v_7, v_8, v_9, v_{10}$: v_1의 후손 ❑

위의 예제의 뿌리를 가진 트리는 다음과 같이 인접리스트로 나타낸다.

정점	부모	첫째 자식	다음 형제
1	0	2	0
2	1	5	3
3	1	7	4
4	1	10	0
5	2	0	6
6	2	0	0
7	3	0	8
8	3	0	9
9	3	0	0
10	4	0	0

예제 10 다음 뿌리를 가진 트리에서 인접리스트를 구하시오.

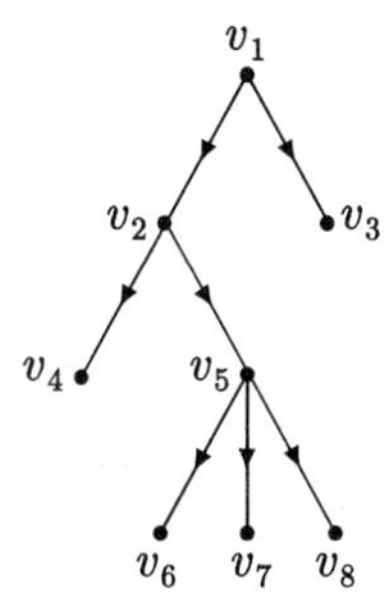

정점	부모	첫째 자식	다음 형제
1	0	2	0
2	1	4	3
3	1	0	0
4	2	0	5
5	2	6	0
6	5	0	7
7	5	0	8
8	5	0	0

8.2 생성트리

정의

트리 T가 그래프 G의 부분그래프이고 G의 모든 정점이 T의 정점인 경우 트리 T를 그래프 G의 생성트리(spanning tree)라고 한다.

예제 1 다음 그래프의 생성트리를 구하시오.

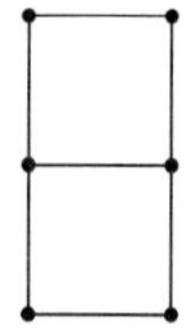

풀이

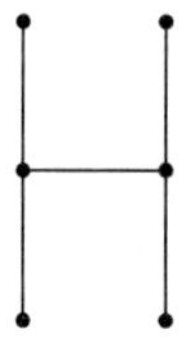

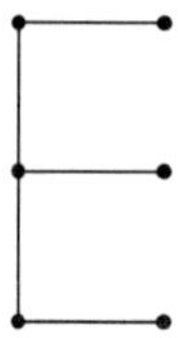

❑

예제 2 다음 그래프의 생성트리를 구하시오.

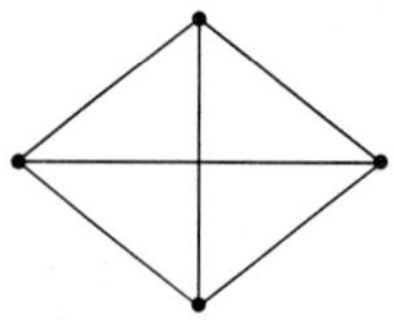

풀이

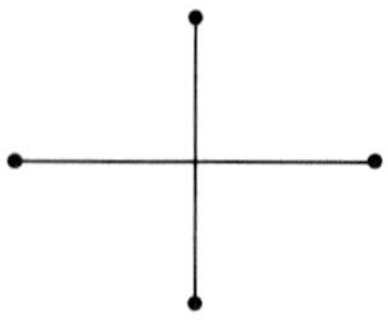

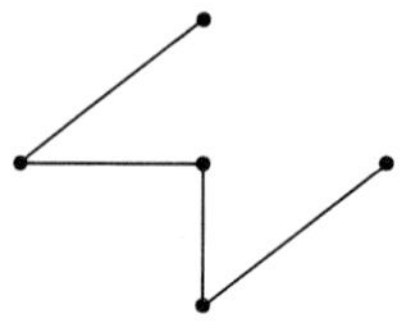

❑

정리 1

트리 T가 그래프 G의 생성트리이고 p를 트리 T에는 존재하지 않는 그래프 G의 모서리라고 하자. 그리고 다음과 같이 정의하자.

$$S = T \cup \{p\}$$

그 결과 S에는 닫힌경로가 존재한다.

예제 3 그래프 G와 트리 T는 다음과 같다. 위의 정리를 적용하여 설명하시오.

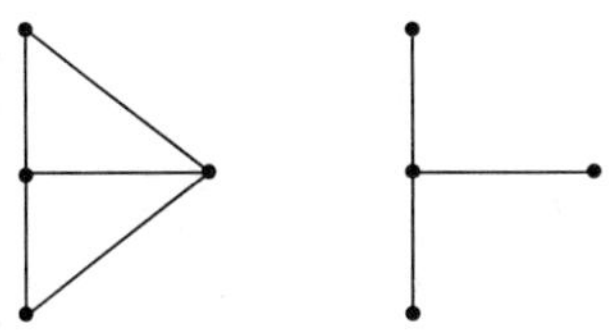

그래프 G 트리 T

풀이

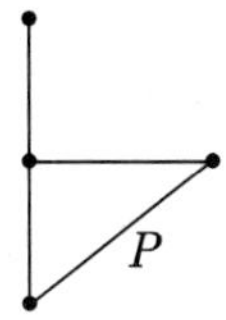

❏

그래프 G에서 생성트리를 구하는 방법은 폭 우선 방법과 깊이 우선의 방법이 존재한다. 각 방법은 임의의 정점을 가지고 뿌리를 가진 트리를 만든다. 뿌리의 선택에 따라 생성트리의 모양이 변한다.

다음 그래프의 폭 우선 방법에 의한 생성트리를 구해보자.

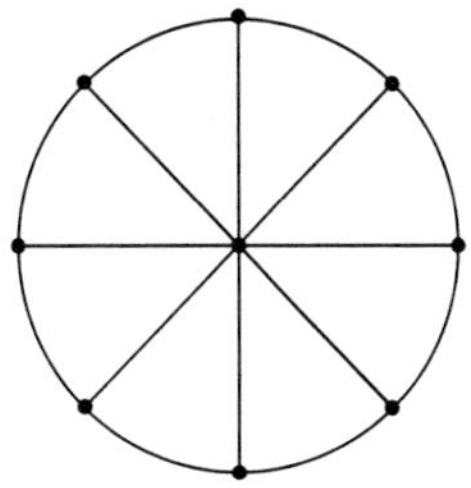

다음과 같은 순서로 폭 우선 방법에 의한 생성트리를 구한다.

첫 번째, 뿌리를 정한다.
두 번째, 인접한 정점을 모두 구한다.
세 번째, 트리의 조건을 만족한다.

그 결과 다음을 알 수 있다.

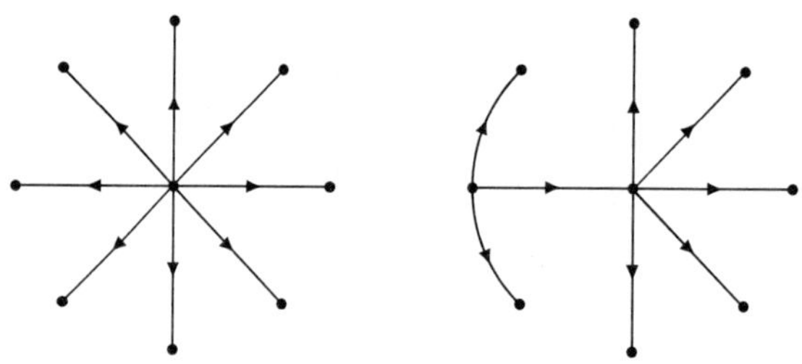

예제 4 다음 그래프의 폭우선 방법에 의한 생성트리를 구하시오.

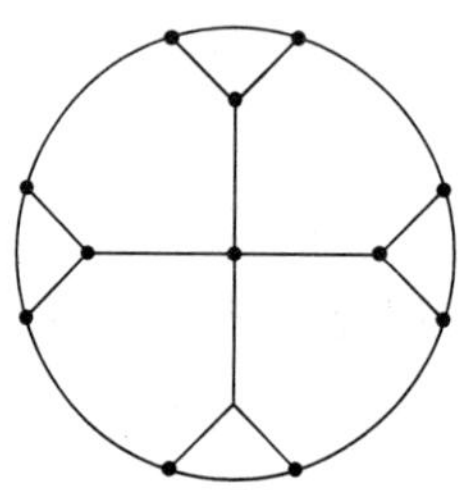

풀이

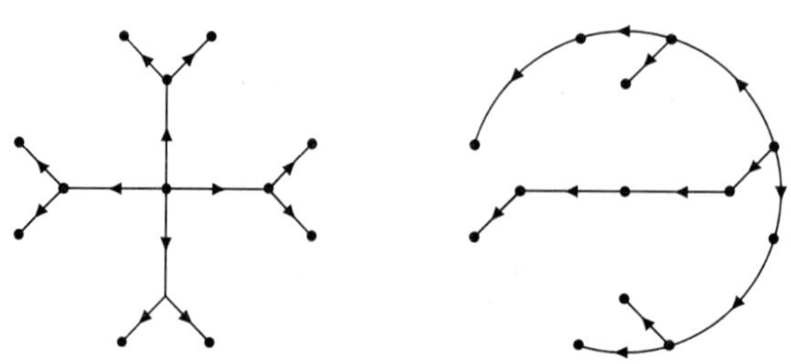

❑

예제 5 다음 그래프의 폭 우선 방법에 의한 생성트리를 구하시오.

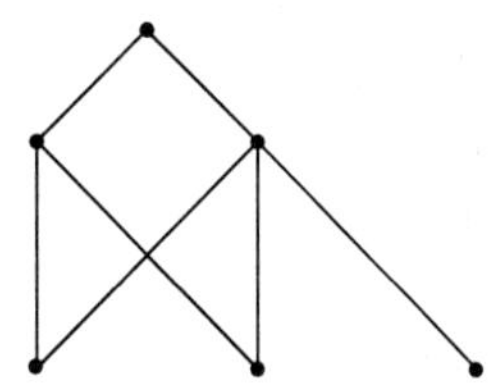

풀이

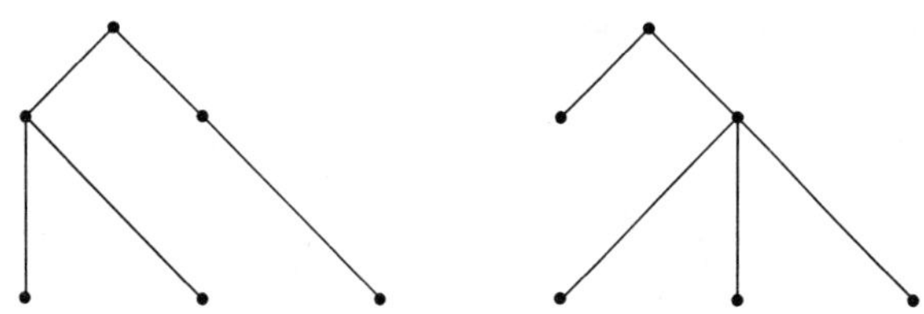

□

다음 그래프의 깊이 우선 방법에 의한 생성트리를 구해보자.

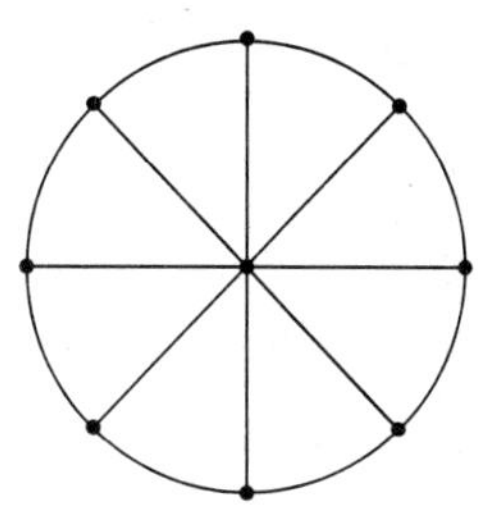

다음과 같은 순서로 깊이 우선 방법에 의한 생성트리를 구한다.

첫 번째, 뿌리를 정한다.
두 번째, 인접한 한 개의 정점을 구한다.
세 번째, 트리의 조건을 만족한다.

그 결과 다음을 알 수 있다.

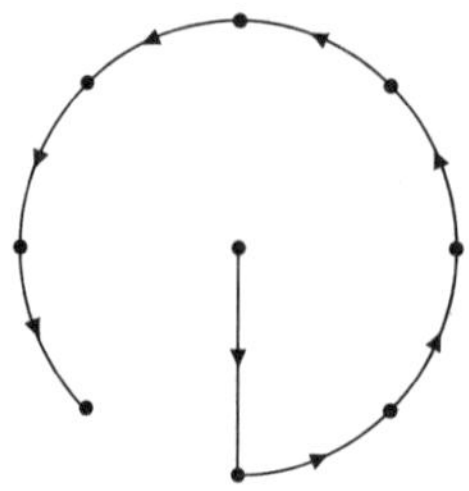

예제 6 다음 그래프의 깊이우선 방법에 의한 생성트리를 구하시오.

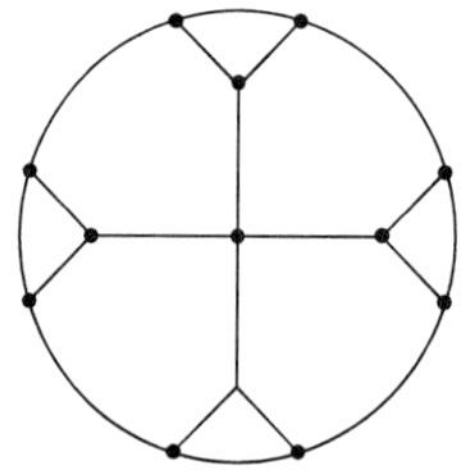

풀이

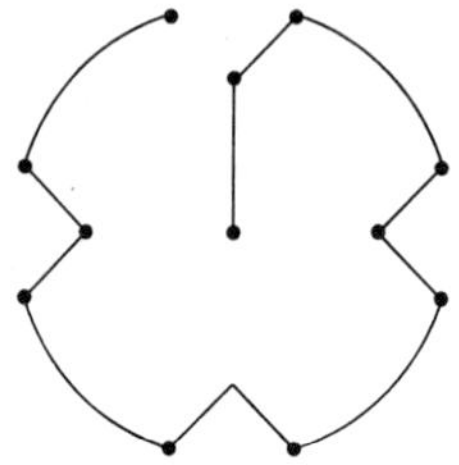

□

무게그래프에서 생성트리는 최적화 문제에 적용된다.

정의

G는 무게함수 w를 가지는 연결 무게그래프이다. G의 최소 생성트리 T는 다음을 만족한다.

$$w(T) \le w(S), \quad \forall\, S: \text{생성트리}$$

예제 7 석유회사가 네 개의 위치에 저장시설을 보유하고 있다. 임의의 시설에서 다른 시설로 송유관에 의한 연결에서 비용의 최소값을 구하시오.

단, 무게함수는 비용을 나타낸다.

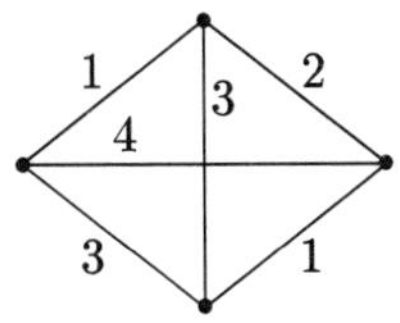

풀이 ▌ 최소 생성트리는 다음과 같다.

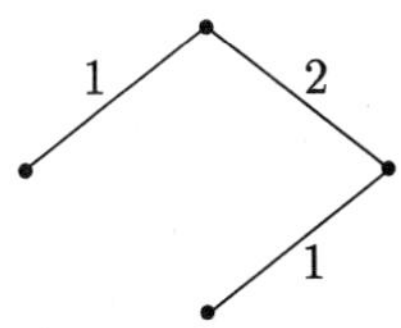

❑

예제 8 다음 무게그래프의 최소 생성트리를 구하시오.

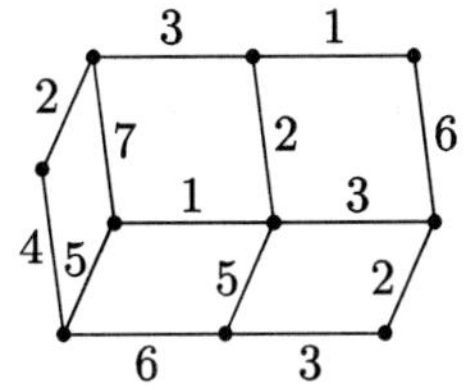

풀이 ▌ 최소 생성트리는 다음과 같다.

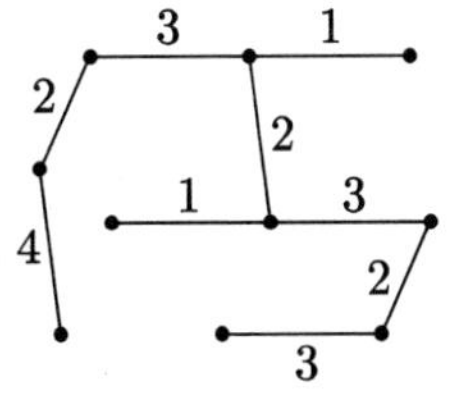

❑

8.3 이진트리

정의

이진탐색(binary search)은 다음과 같다.

(1) 주어진 파일에 레코드를 부여한다.

(2) 레코드의 중간값을 구한다.

(2) 원하는 파일이 레코드 중간값의 전, 후임을 파악한다.

(3) 파일이 속하지 않는 나머지 파일은 소거한다.

(4) 이 과정을 계속 반복하여 원하는 파일의 위치를 구한다.

예제 1 다음에서 파일 035를 구하시오.

1	003
2	008
3	015
4	021
5	033
6	041
7	050
8	077
9	087
10	094
11	102
12	124
13	147
14	167

풀이 14개의 레코드가 분류되어 있으므로 중간값은 약 8임을 알 수 있다.
레코드 8의 파일은 077이므로 레코드 8 이상의 파일은 소거한다.
7개의 레코드가 분류되어 있으므로 중간값은 4임을 알 수 있다.

레코드 4의 파일은 021이므로 레코드 4 이하의 파일은 소거한다.
3개의 레코드가 분류되어 있으므로 중간값은 6임을 알 수 있다.
레코드 6의 파일은 041이므로 레코드 6 이상의 파일은 소거한다.
1개의 레코드가 분류되어 있고 그 값은 5임을 알 수 있다.
레코드 5의 파일은 033이므로 파일 035는 존재하지 않음을 알 수 있다. ❑

이진탐색의 장점 : 효율성
이진탐색의 단점 : 파일의 분류

정의

이진트리(binary tree)는 다음을 만족하는 뿌리를 가진 트리이다.
(1) 각 정점은 0 또는 1 또는 2개의 자식을 갖는다.
(2) 각 정점의 자식은 왼쪽자식 또는 오른쪽자식이다.

예제 2 다음은 이진트리를 나타낸다.

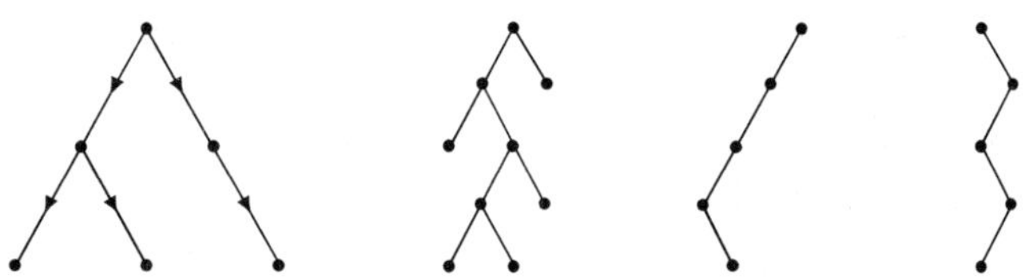

예제 3 다음은 서로 다른 이진트리를 나타낸다.

정의

v는 트리 T의 정점이고 w는 v의 오른쪽 자식이다.
w 그리고 w의 후손 그리고 그들을 접합하는 모서리를 v의 오른쪽 부분트리라고 한다.
p는 트리 T의 정점이고 q는 p의 왼쪽 자식이다.
q 그리고 q의 후손 그리고 그들을 접합하는 모서리를 p의 왼쪽 부분트리라고 한다.

예제 4 다음 이진트리에서 다음을 구하시오.

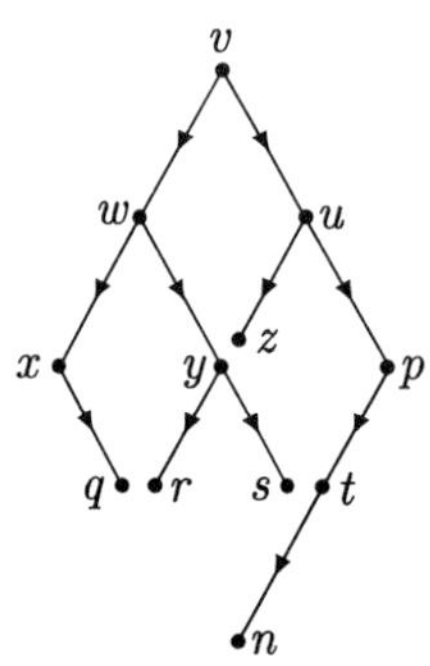

(1) w의 오른쪽 부분트리
(2) w의 왼쪽 부분트리
(3) u의 오른쪽 부분트리
(4) u의 왼쪽 부분트리
(5) r의 오른쪽 부분트리
(6) r의 왼쪽 부분트리
(7) t의 오른쪽 부분트리
(8) t의 왼쪽 부분트리 ❑

정의

이진 탐색트리(binary search tree)는 완전 순서집합과 일대일 대응이 존재하는 이진트리이다. w가 이진트리의 정점인 경우 다음과 같다.

$$w\text{의 오른쪽 부분트리의 정점의 값} \geq w\text{의 정점의 값}$$
$$w\text{의 왼쪽 부분트리의 정점의 값} \leq w\text{의 정점의 값}$$

예제 5 다음 레코드를 이진 탐색트리로 나타내시오.

066, 017, 100, 002, 023, 098, 134, 008, 018, 035, 090, 111, 145

풀이 ‖

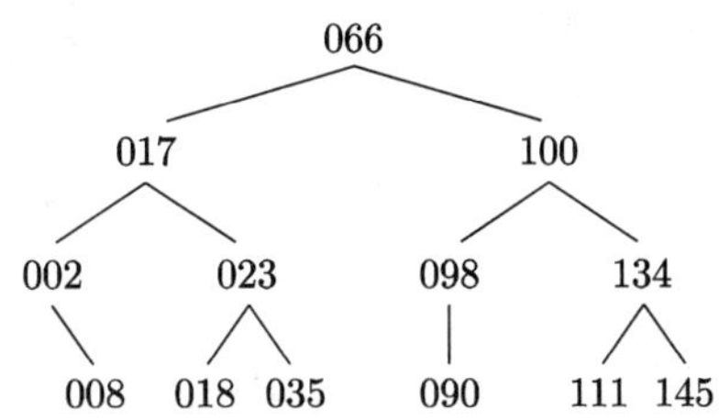

❑

예제 6 위의 예제에서 파일 번호 050을 구하시오.

풀이 ‖ 먼저 050을 066과 비교하자.

050이 066보다 작은 수이므로 066의 왼쪽 부분트리의 정점에 존재한다.

다음은 050을 017과 비교하자.

050이 017보다 큰수이므로 017의 오른쪽 부분트리의 정점에 존재한다.

다음은 050을 023과 비교하자.

050이 023보다 큰수이므로 023의 오른쪽 부분트리의 정점에 존재한다.

다음은 050을 035과 비교하자.

050이 035보다 큰수이므로 035의 오른쪽 부분트리의 정점에 존재한다.

그러나 035의 오른쪽 부분트리는 공집합이므로 파일 번호 050은 존재하지 않는다. ❑

정의

다음을 만족하는 이진 탐색트리는 균형하다라고 한다.

$$2^{n-1} < \text{정점의 수} < 2^{n} \quad \Rightarrow \quad \text{트리의 깊이} = n$$

그렇지 않으면 이진 탐색트리는 불균형하다라고 한다.

예제 7 위의 이진 탐색트리의 균형 여부를 설명하시오.

풀이 위의 이진 탐색트리는 다음을 만족한다.

$$2^3 < 13 < 2^4 \text{ 그리고 트리의 깊이는 3이다.}$$

그 결과 다음을 알 수 있다.

이진 탐색트리는 균형하다. ❑

예제 8 다음 레코드를 이진 탐색트리로 나타내시오.

06, 02, 04, 09, 08, 01, 16

풀이

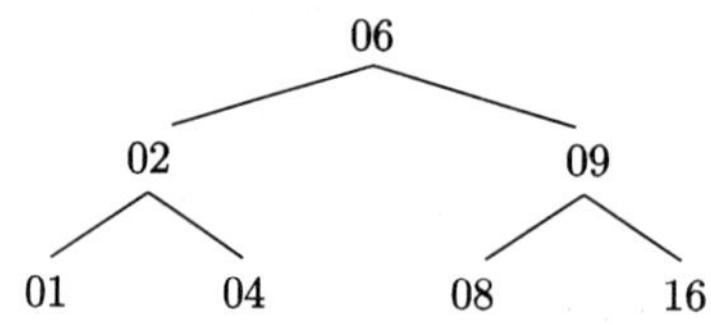

❑

예제 9 위의 이진 탐색트리의 균형 여부를 설명하시오.

풀이 위의 이진 탐색트리는 다음을 만족한다.

$$2^2 < 7 < 2^3 \text{ 그리고 트리의 깊이는 2이다.}$$

그 결과 다음을 알 수 있다.

이진 탐색트리는 균형하다. ❑

예제 10 다음을 알파벳순으로 이진 탐색트리로 나타내시오.

Tom, Bocca, Miller, Budd, Troy, Lecou, Chemi, Giova, Schuva, Herr, Lesca, Onne, Grim.

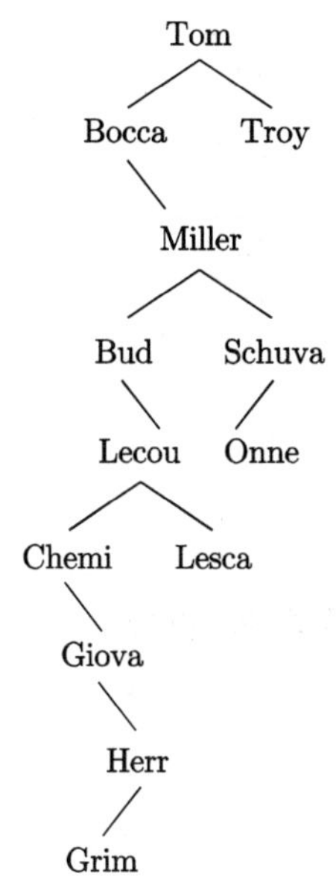

예제 11 위의 이진 탐색트리의 균형 여부를 설명하시오.

풀이 위의 이진 탐색트리는 다음을 만족한다.

$2^3 < 13 < 2^4$ 그리고 트리의 깊이는 8이다.

그 결과 다음을 알 수 있다.

이진 탐색트리는 불균형하다. ❑

예제 5의 이진탐색트리는 다음과 같이 나타낼 수 있다.

	정점	부모	왼쪽자식	오른쪽자식
1	002	3	0	2
2	008	1	0	0
3	017	7	1	5
4	018	5	0	0
5	023	3	2	6
6	035	5	0	0
7	066	0	3	10
8	090	9	0	0

9	098	10	8	0
10	100	7	9	12
11	111	12	0	0
12	134	10	11	13
13	145	12	0	0

8.4 순서 뿌리를 가진 트리의 순회

정의

순서 뿌리를 가진 트리는 각 정점의 자식에서 완전 순서관계가 정의된 뿌리를 가진 트리이다.

예제 1 다음은 두 개의 서로 다른 순서 뿌리를 가진 트리이다.
그러나 기간그래프는 동형임을 알 수 있다.

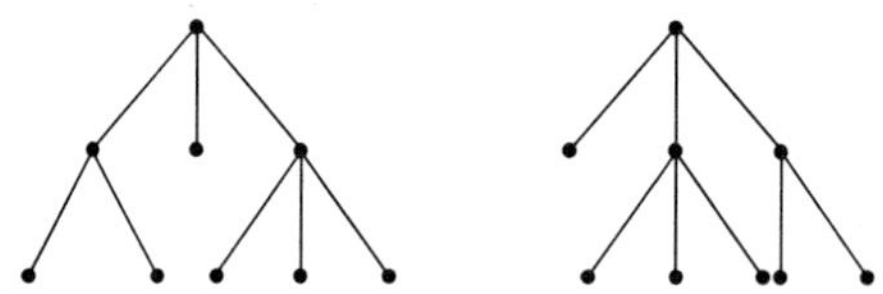

정의

(1) 전위 순회는 순서 뿌리를 가진 트리에서 부모가 자식의 순서관계에서 첫 번째 순서에 위치하는 순회이다.

(2) 중위 순회는 순서 뿌리를 가진 트리에서 부모가 자식의 순서관계에서 두 번째 순서에 위치하는 순회이다.

(3) 후위 순회는 순서 뿌리를 가진 트리에서 부모가 자식의 순서관계에서 마지막 순서에 위치하는 순회이다.

예제 2 다음 순서 뿌리를 가진 트리의 전위 순회를 구하시오.

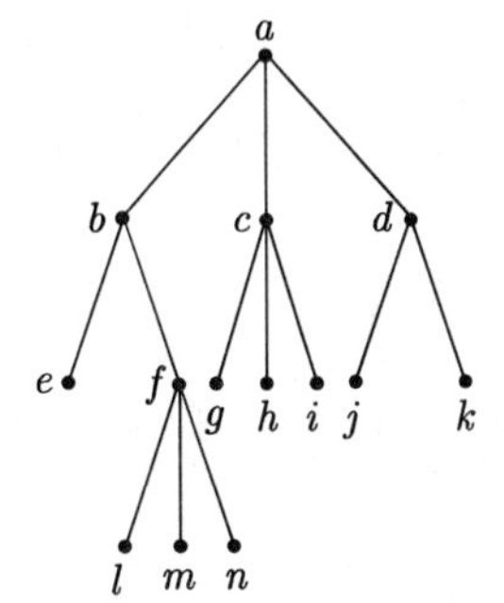

풀이 ‖

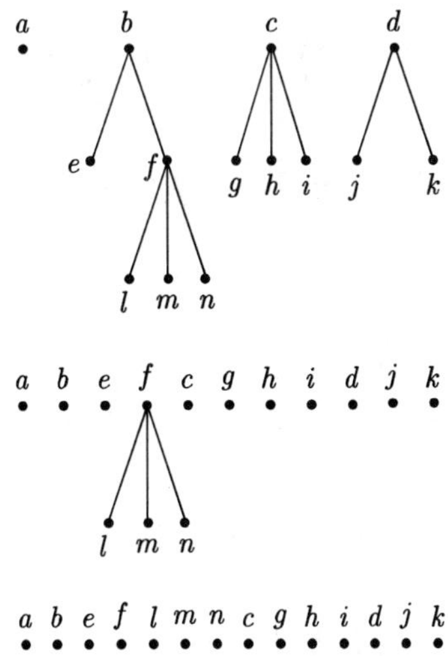

□

예제 3 위의 순서 뿌리를 가진 트리의 중위 순회를 구하시오.

풀이 ‖

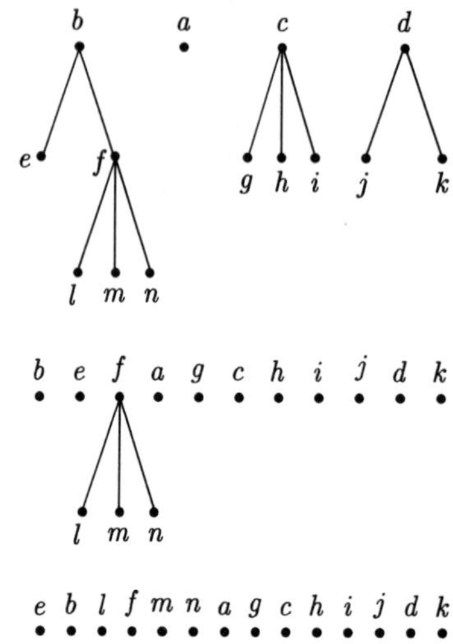

❑

예제 4 위의 순서 뿌리를 가진 트리의 후위 순회를 구하시오.

풀이 |

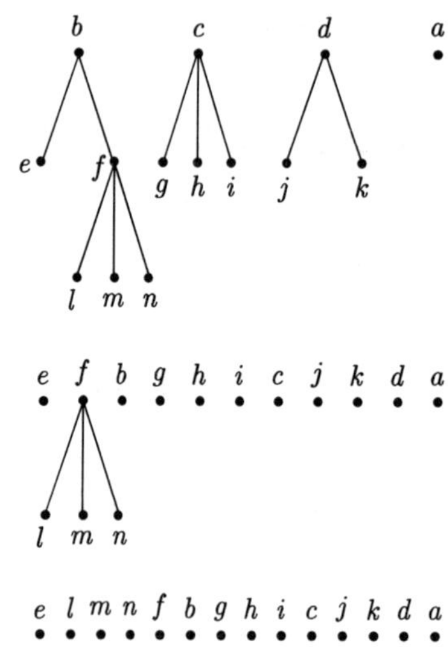

❑

다음의 산술식을 트리로 나타낼 수 있다.

$$(a+b\times c)+d\times(e+f)$$

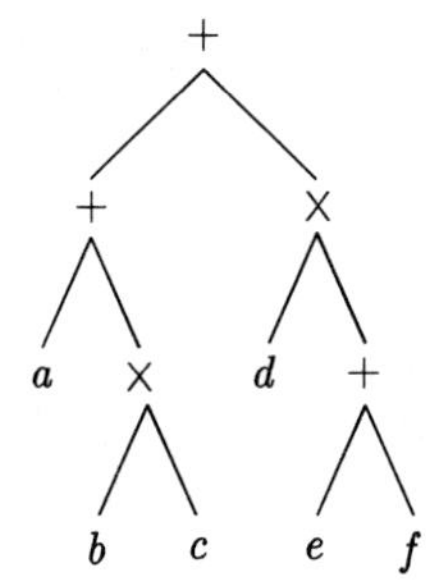

예제 5 위의 순서 뿌리를 가진 트리의 전위 순회를 구하시오.

풀이

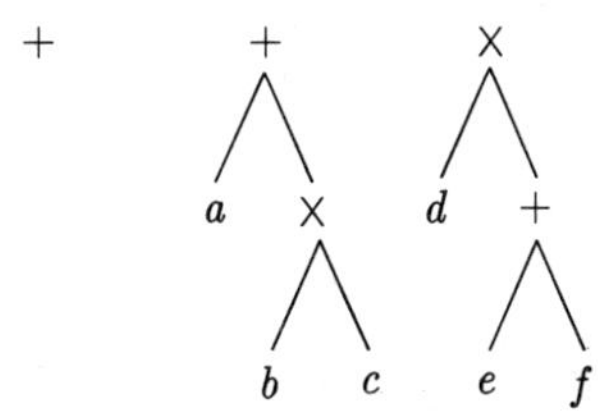

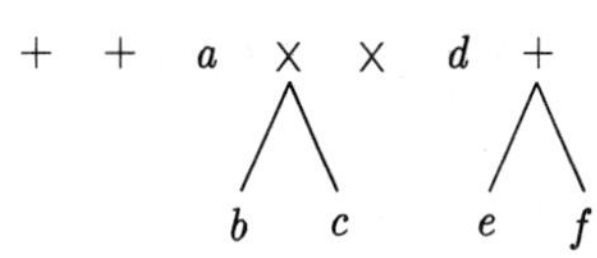

$+\ +\ a \times b\ c \times d + e\ f$

□

예제 6 위의 순서 뿌리를 가진 트리의 중위 순회를 구하시오.

풀이

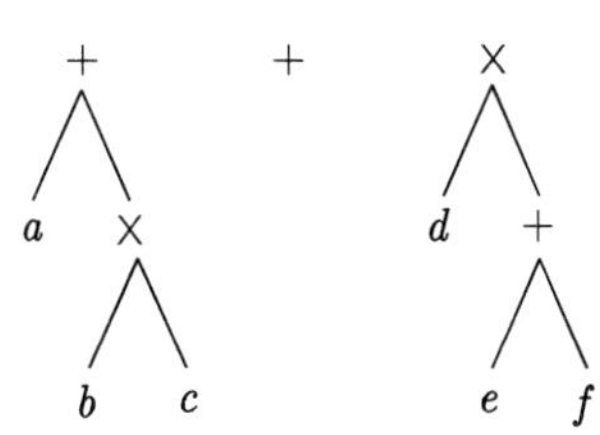

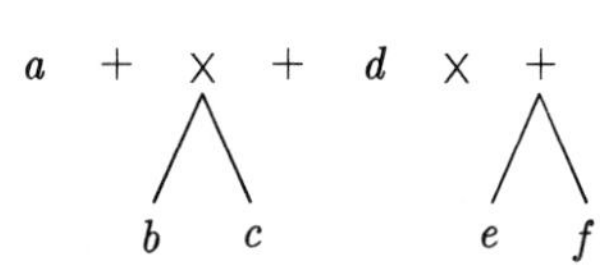

$a + b \times c + d \times e + f$

□

예제 7 위의 순서 뿌리를 가진 트리의 후위 순회를 구하시오.

풀이

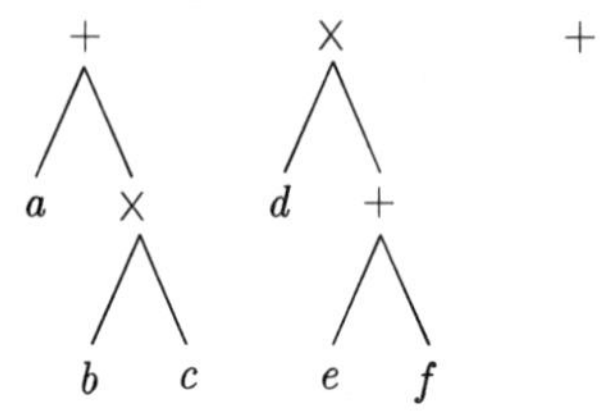

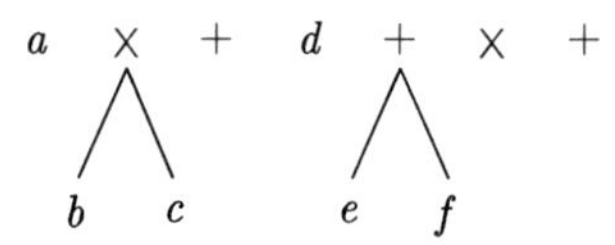

$a \ b \ c \times + \ d \ e \ f + \times +$

❑

예제 8 $a=2, \ b=3, c=4, \ d=-2, \ e=-3, \ f=1$인 경우 다음을 구하시오.

$$abc\times + de + f + \times +$$

풀이 $abc\times + de + f + \times +$

$= a + (b\times c) + d\times(e+f)$

$= 18$

❑

연습문제

01. 다음 그래프의 트리 여부를 설명하시오.

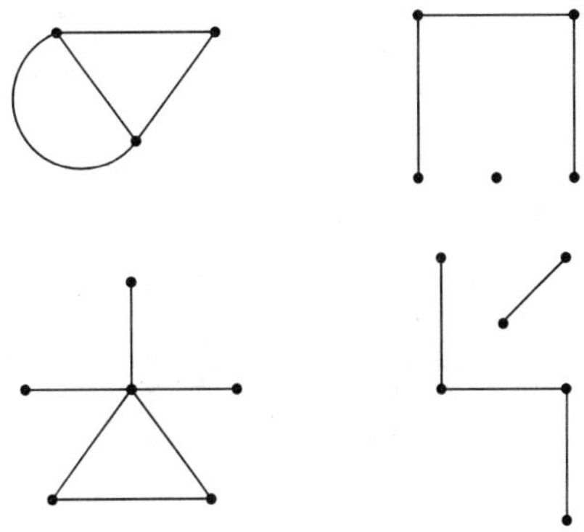

02. 다음 뿌리를 가진 트리의 뿌리를 구하시오.

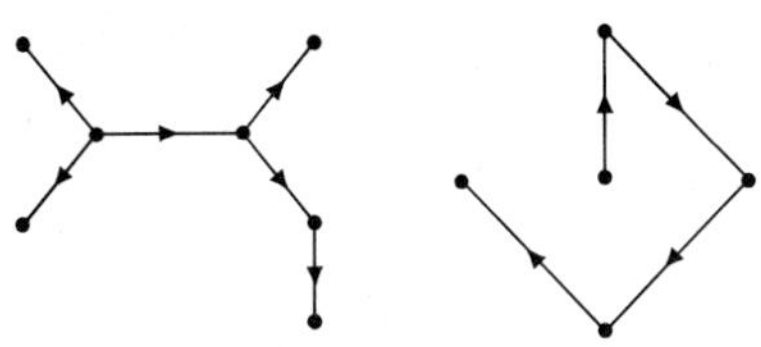

03. 다음 뿌리를 가진 트리의 각 정점에 대해서 부모, 형제, 자식, 선조, 후손을 구하시오.

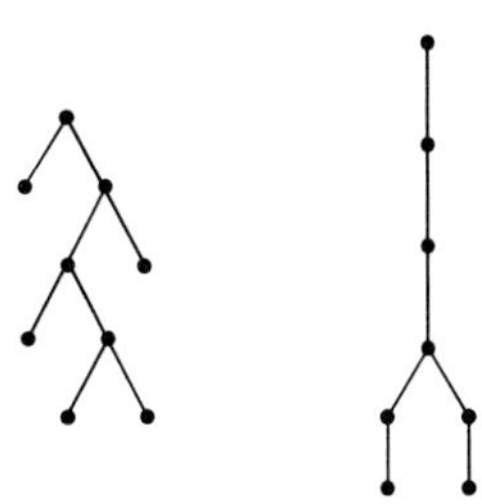

04. 다음 뿌리를 가진 트리에서 인접리스트를 구하시오.

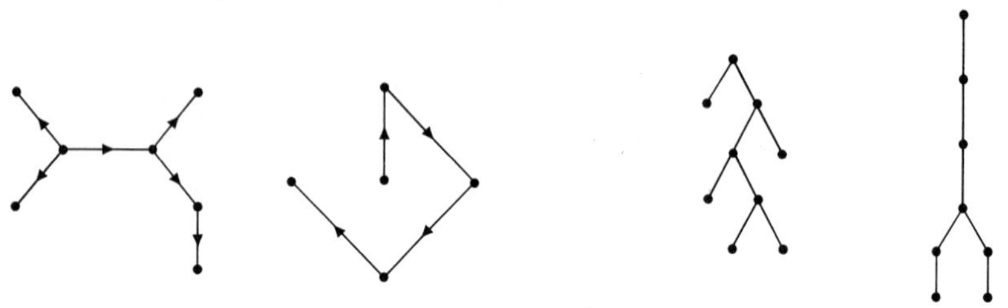

05. 다음 그래프의 생성트리를 구하시오.

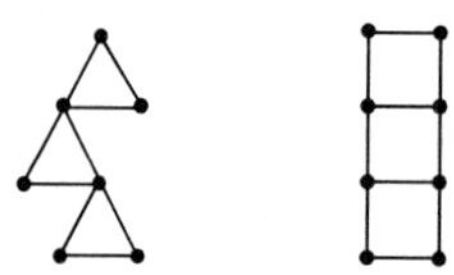

06. 다음 무게그래프의 최소 생성트리를 구하시오.

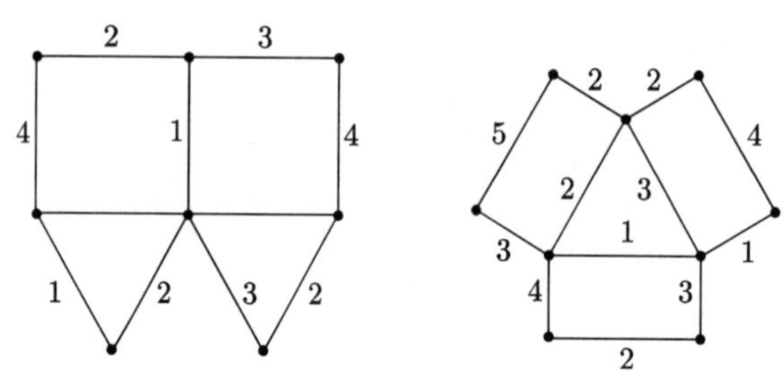

07. 다음에서 파일 057를 구하시오.

1 003
2 007
3 019
4 026
5 043
6 057
7 060
8 077
9 097
10 099

11	112
12	124
13	139
14	157
15	189

08. 다음 이진트리에서 다음을 구하시오.

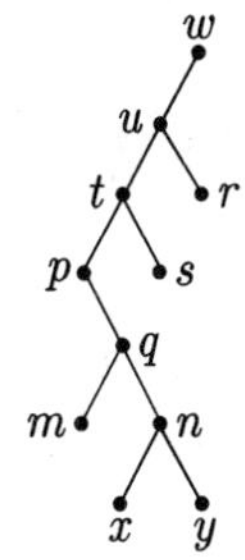

(1) w의 오른쪽 부분트리

(2) w의 왼쪽 부분트리

(3) u의 오른쪽 부분트리

(4) u의 왼쪽 부분트리

(5) r의 오른쪽 부분트리

(6) r의 왼쪽 부분트리

(7) t의 오른쪽 부분트리

(8) t의 왼쪽 부분트리

09. 다음 레코드를 이진 탐색트리로 나타내시오.

063, 010, 105, 007, 033, 088, 124, 058, 019, 075, 190, 141, 145, 046, 095

10. 다음을 알파벳순으로 이진 탐색트리로 나타내시오.

Tall, Box, Mint, Bus, Tree, Little, Chew, Give, School, Hello, Law

11. 다음 순서 뿌리를 가진 트리의 전위, 중위, 후위 순회를 구하시오.

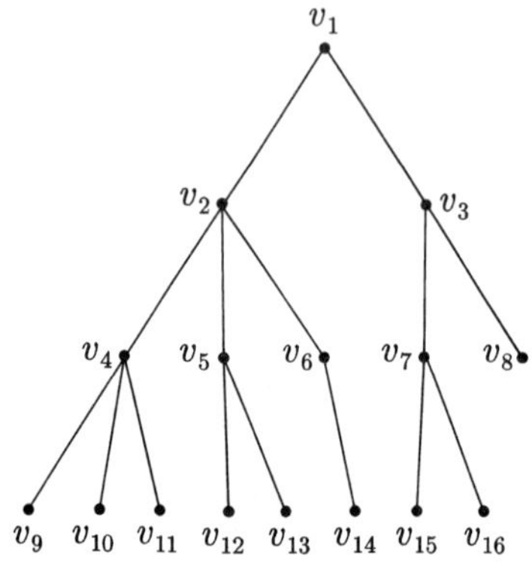

12. $a=5,\ b=3, c=3,\ d=-5,\ e=-3,\ f=7$인 경우 다음을 구하시오.

$$abc+\times de\times f+++$$

Chapter _ 9

대수적 기초

9.1 군

다음 함수를 이항연산이라 한다.

$$G \times G \rightarrow G$$

정의

집합 G에서 이항연산 $\circ : G \times G \rightarrow G$이 다음을 만족하면 $(G, \circ)$을 군(group)이라 한다.

(1) 모든 $a, b, c \in G$에 대해서 다음을 만족한다.

$$(a \circ b) \circ c = a \circ (b \circ c) \text{ : 결합법칙 성립}$$

(2) 임의의 $a \in G$에 대해서 $e \in G$가 존재하여 다음을 만족한다.

$$a \circ e = a = e \circ a \text{ : 항등원 존재}$$

(3) 임의의 $a \in G$에 대해서 $a^{-1} \in G$가 존재하여 다음을 만족한다.

$$a \circ a^{-1} = e = a^{-1} \circ a \text{ : 역원 존재}$$

정의

다음을 만족하는 군$(G, \circ)$을 가환군(commutative group) 또는 아벨군이라 한다.

모든 $a, b \in G$에 대해서 다음을 만족한다.

$$a \circ b = b \circ a \text{ : 교환법칙 성립}$$

예제 1 $(Z, +)$는 가환군이다.

풀이 $+: Z \times Z \to Z$는 이항연산이다.

(1) 모든 $a, b, c \in Z$에 대해서 다음을 만족한다.

$$(a+b)+c = a+(b+c) \ : \text{결합법칙 성립}$$

(2) 임의의 $a \in Z$에 대해서 $0 \in Z$가 존재하여 다음을 만족한다.

$$a+0 = a = 0+a \ : \text{항등원 존재}$$

(3) 임의의 $a \in Z$에 대해서 $-a \in Z$가 존재하여 다음을 만족한다.

$$a+(-a) = 0 = (-a)+a \ : \text{역원 존재}$$

(4) 모든 $a, b \in Z$에 대해서 다음을 만족한다.

$$a+b = b+a \ : \text{교환법칙 성립}$$

❑

예제 2 $(Z, \times)$는 군이 아니다.

풀이 $\times: Z \times Z \to Z$는 이항연산이다.

(1) 모든 $a, b, c \in Z$에 대해서 다음을 만족한다.

$$(a \times b) \times c = a \times (b \times c) \ : \text{결합법칙 성립}$$

(2) 임의의 $a \in Z$에 대해서 $1 \in Z$가 존재하여 다음을 만족한다.

$$a \times 1 = a = 1 \times a \ : \text{항등원 존재}$$

(3) 임의의 $a \in Z$에 대해서 다음을 만족하는 역원이 존재하지 않는다.

$$a \times (a^{-1}) = 1 = (a^{-1}) \times a$$

❑

정리 1

군$(G, \circ)$에서 다음이 성립한다.

(1) 항등원은 유일하다.

(2) 역원은 유일하다.

정의

집합 G에서 이항연산 $\circ : G\times G \to G$이 다음을 만족하면 $(G, \circ)$을 반군(semi group)이라 한다.

(1) 모든 $a, b, c\in G$에 대해서 다음을 만족한다.

$$(a \circ b) \circ c = a \circ (b \circ c) \text{ : 결합법칙 성립}$$

정의

집합 G에서 이항연산 $\circ : G\times G \to G$이 다음을 만족하면 $(G, \circ)$을 모노이드이라 한다.

(1) 모든 $a,b,c\in G$ 에 대해서 다음을 만족한다.

$$(a \circ b) \circ c = a \circ (b \circ c) \text{ : 결합법칙 성립}$$

(2) 임의의 $a\in G$에 대해서 $e\in G$가 존재하여 다음을 만족한다.

$$a \circ e = a = e \circ a \text{ : 항등원 존재}$$

예제 3 $(N, +)$는 반군이다.

풀이 $+: N\times N\to N$는 이항연산이다.

(1) 모든 $a,\ b,\ c\in N$에 대해서 다음을 만족한다.

$$(a+b)+c = a+(b+c) \text{ : 결합법칙 성립}$$

(2) 임의의 $a\in N$에 대해서 다음을 만족하는 $0\in N$이 존재하지 않는다.

$$a+0 = a = 0+a$$ ❏

예제 4 $(N, \circ)$는 반군이 아니다. 단, $a \circ b = a^b$.

풀이 $\circ : N\times N\to N$는 이항연산이다.

(1) 모든 $a,\ b,\ c\in N$에 대해서 결합법칙이 성립하지 않는다.

즉, 다음과 같다.

$$(a \circ b) \circ c \neq a \circ (b \circ c)$$ ❏

예제 5 $(Z, \times)$는 모노이드이다.

예제 6 $A=\{f|f: X \to X, X \neq \varnothing\}$인 경우 다음이 성립한다.

$$(A, \circ)\text{는 모노이드이다. 단, } f \circ g = f \bullet g$$

풀이 $\circ : A \times A \to A$는 이항연산이다.

(1) 모든 $a, b, c \in A$에 대해서 다음을 만족한다.

$$(a \circ b) \circ c = a \circ (b \circ c) \text{ : 결합법칙 성립}$$

(2) 임의의 $a \in A$에 대해서 $e \in A$가 존재하여 다음을 만족한다.

$$a \circ e = a = e \circ a \text{ : 항등원 존재}$$

$e: X \to X$는 항등함수임을 알 수 있다. ❑

예제 7 $M=\left\{\begin{bmatrix} a & b \\ c & d \end{bmatrix} \mid ad-bc \neq 0\right\}$ 인 경우 다음이 성립한다.

$$(M, \circ)\text{는 군이다. 단, } \circ \text{는 행렬의 곱이다.}$$

풀이 $\circ : M \times M \to M$는 이항연산이다.

(1) 모든 $a, b, c \in M$에 대해서 다음을 만족한다.

$$(a \circ b) \circ c = a \circ (b \circ c) \text{ : 결합법칙 성립}$$

(2) 임의의 $a \in A$에 대해서 $e \in A$가 존재하여 다음을 만족한다.

$$a \circ e = a = e \circ a \text{ : 항등원 존재}$$

$e=\begin{bmatrix} 1 & 0 \\ 0 & 1 \end{bmatrix}$임을 알 수 있다.

(3) 임의의 $a \in M$에 대해서 $a^{-1} \in M$가 존재하여 다음을 만족한다.

$$a \circ a^{-1} = e = a^{-1} \circ a \text{ : 역원 존재}$$

$a=\begin{bmatrix} x & y \\ z & u \end{bmatrix}$인 경우 다음을 알 수 있다.

$$a^{-1} = \frac{1}{xu-yz}\begin{bmatrix} u & -y \\ -z & x \end{bmatrix}$$ ❑

예제 8 $(Z_4, +)$는 다음 이항연산에서 군이다.

+	0	1	2	3
0	0	1	2	3
1	1	2	3	0
2	2	3	0	1
3	3	0	1	2

풀이 $+: Z_4 \times Z_4 \rightarrow Z_4$는 이항연산이다.

(1) 모든 $a, b, c \in Z_4$에 대해서 다음을 만족한다.

$$(a+b)+c=a+(b+c) \text{ : 결합법칙 성립}$$

(2) 임의의 $a \in Z_4$에 대해서 $0 \in Z_4$가 존재하여 다음을 만족한다.

$$a+0=a=0+a \text{ : 항등원 존재}$$

(3) 임의의 $a \in Z_4$에 대해서 $-a \in Z_4$가 존재하여 다음을 만족한다.

$$a+(-a)=0=(-a)+a \text{ : 역원 존재}$$

즉, 다음을 알 수 있다.

0의 역원은 0

1의 역원은 3

2의 역원은 2

3의 역원은 1

(4) 모든 $a, b \in Z_4$에 대해서 다음을 만족한다.

$$a+b=b+a \text{ : 교환법칙 성립}$$

❑

예제 9 $(K_4, \circ)$는 다음 이항연산에서 군이다. 단 $K_4=\{e, a, b, c\}$

$\circ$	e	a	b	c
e	e	a	b	c
a	a	e	c	b
b	b	c	e	a
c	c	b	a	e

풀이 $\circ : K_4 \times K_4 \to K_4$는 이항연산이다.

(1) 모든 $a, b, c \in K_4$에 대해서 다음을 만족한다.

$$(a \circ b) \circ c = a \circ (b \circ c) \text{ : 결합법칙 성립}$$

(2) 임의의 $a \in K_4$에 대해서 $e \in K_4$가 존재하여 다음을 만족한다.

$$a \circ e = a = e \circ a \text{ : 항등원 존재}$$

(3) 임의의 $a \in K_4$에 대해서 $a^{-1} \in K_4$가 존재하여 다음을 만족한다.

$$a \circ (a^{-1}) = e = (a^{-1}) \circ a \text{ : 역원 존재}$$

즉, 다음을 알 수 있다.

e의 역원 : e

a의 역원 : a

b의 역원 : b

c의 역원 : c

(4) 모든 $a, b \in K_4$에 대해서 다음을 만족한다.

$$a \circ b = b \circ a \text{ : 교환법칙 성립}$$ ❑

정의

군$(G, \circ)$의 원소의 개수를 $|G|$로 나타내고 G의 위수라고 한다.
위수가 유한인 경우 유한군(finite group)이라 하고, 그렇지 않는 경우 무한군(infinite group)이라 한다.

예제 10 $(K_4, \circ)$, $(Z_4, +)$의 위수는 4이다.

$S_3 = \{f | f : \{1, 2, 3\} \to \{1, 2, 3\}, \text{일대일대응}\}$인 경우 다음이 성립한다.

$S_3 = \{i, \sigma_1, \sigma_2, \sigma_3, \rho_1, \rho_2\}$ 단, $i = \begin{pmatrix} 1\,2\,3 \\ 1\,2\,3 \end{pmatrix}$, $\sigma_1 = \begin{pmatrix} 1\,2\,3 \\ 1\,3\,2 \end{pmatrix}$, $\sigma_2 = \begin{pmatrix} 1\,2\,3 \\ 3\,2\,1 \end{pmatrix}$,

$\sigma_3 = \begin{pmatrix} 1\,2\,3 \\ 2\,1\,3 \end{pmatrix}$, $\rho_1 = \begin{pmatrix} 1\,2\,3 \\ 2\,3\,1 \end{pmatrix}$, $\rho_2 = \begin{pmatrix} 1\,2\,3 \\ 3\,1\,2 \end{pmatrix}$

예제 11 $(S_3, \circ)$는 다음 이항연산에서 군이다.

$\circ$	i	σ_1	σ_2	σ_3	ρ_1	ρ_2
i	i	σ_1	σ_2	σ_3	ρ_1	ρ_2
σ_1	σ_1	i	ρ_1	ρ_2	σ_2	σ_3
σ_2	σ_2	ρ_2	i	ρ_1	σ_3	σ_1
σ_3	σ_3	ρ_1	ρ_2	i	σ_1	σ_2
ρ_1	ρ_1	σ_3	σ_1	σ_2	ρ_2	i
ρ_2	ρ_2	σ_2	σ_3	σ_1	i	ρ_1

풀이 $\circ : S_3 \times S_3 \rightarrow S_3$는 이항연산이다.

(1) 모든 $a, b, c \in S_3$에 대해서 다음을 만족한다.

$$(a \circ b) \circ c = a \circ (b \circ c) \ : \text{결합법칙 성립}$$

(2) 임의의 $a \in S_3$에 대해서 $i \in S_3$가 존재하여 다음을 만족한다.

$$a \circ i = a = i \circ a \ : \text{항등원 존재}$$

(3) 임의의 $a \in S_3$에 대해서 $a^{-1} \in S_3$가 존재하여 다음을 만족한다.

$$a \circ (a^{-1}) = i = (a^{-1}) \circ a \ : \text{역원 존재}$$

즉, 다음을 알 수 있다.

i 의 역원 : i

σ_1 의 역원 : σ_1

σ_2 의 역원 : σ_2

σ_3 의 역원 : σ_3

ρ_1 의 역원 : ρ_2

ρ_2 의 역원 : ρ_1 ❑

정의

$(G, \circ)$는 군이다. $H \subseteq G$ 그리고 $(H, \circ)$도 역시 군인 경우 H는 G의 부분군(subgroup)이라 하고 $H < G$로 나타낸다.

예제 12 항등원 $\{e\}$ 그리고 G는 G의 부분군이다.
즉, 다음과 같다.

$$\{e\} < G, \ G < G$$

정리 2

$(G, \circ)$는 군이다. 다음은 서로 동치이다.

(1) $H < G$

(2) 모든 $n, m \in H \ \Rightarrow \ n \circ m^{-1} \in H$

예제 13 $(Z, +)$는 가환군이다. $2Z < Z$임을 알 수 있다.

풀이 $n, m \in 2Z$에 대해서 다음과 같다.

$$n = 2p, \ m = 2q \quad p, q \in Z$$

그 결과 다음을 알 수 있다.

$$n - m = 2p - 2q = 2(p - q), \ \ p - q \in Z$$

❑

예제 14 $(Z_4, +)$는 군이다. $\{0, 2\} < Z_4$임을 알 수 있다.

풀이 $0, 2 \in \{0, 2\}$에 대해서 다음과 같다.

$$0 - 0 = 0$$
$$2 - 2 = 0$$
$$2 - 0 = 2$$
$$0 - 2 = 2$$

❑

예제 15 $(Z_4, +)$는 군이다. $\{0,1,2\} < Z_4$이 성립하지 않는다.

풀이 $1, 2 \in \{0, 1, 2\}$에 대해서 다음과 같다.

$$1 - 2 = 3 \notin \{0,1,2\}$$

❑

예제 16 $(Z_4, +)$는 군이다. $\{0, 1\} < Z_4$이 성립하지 않는다.

풀이 $0, 1 \in \{0, 1\}$에 대해서 다음과 같다.

$$\not\in \{0,1\} 0-1=3$$ □

예제 17 $(K_4, \circ)$는 군이다. 다음이 성립한다.

$$\{e,a\}, \{e,b\}, \{e,c\} < K_4$$

풀이 먼저 $\{e,a\} < K_4$임을 보이자.

(1) $e \circ e = e = a \circ a$, $e \circ a = a = a \circ e$이므로 닫혀있다.

(2) $e, a \in K_4$에 대해서 $e \in K_4$가 존재하여 다음을 만족한다.

$$e \circ e = e = e \circ e$$

$$a \circ e = a = e \circ a$$ □

즉, 항등원이 존재한다.

(3) $e, a \in K_4$에 대해서 역원이 존재한다.

즉, 다음을 알 수 있다.

e의 역원 : e

a의 역원 : a □

다음은 $\{e, b\} < K_4$임을 보이자.

1) $e \circ e = e = b \circ b$, $e \circ b = b = b \circ e$이므로 닫혀있다.

2) $e, b \in K_4$에 대해서 $e \in K_4$가 존재하여 다음을 만족한다.

$$e \circ e = e = e \circ e$$

$$b \circ e = b = e \circ b$$

즉, 항등원이 존재한다.

3) $e, b \in K_4$에 대해서 역원이 존재한다.

즉, 다음을 알 수 있다.

e의 역원 : e

$$b\text{의 역원} : b$$

끝으로 $\{e, c\} < K_4$임을 보이자.

1) $e \circ e = e = c \circ c$, $e \circ c = c = c \circ e$이므로 닫혀있다.

2) $e, c \in K_4$에 대해서 $e \in K_4$가 존재하여 다음을 만족한다.

$$e \circ e = e = e \circ e$$
$$c \circ e = c = e \circ c$$

즉, 항등원이 존재한다.

3) $e, c \in K_4$에 대해서 역원이 존재한다.

즉, 다음을 알 수 있다.

$$e\text{의 역원} : e$$
$$c\text{의 역원} : c$$

예제 18 $(K_4, \circ)$는 군이다. $(\{e, a, b\}, \circ)$는 $(K_4, \circ)$의 부분군이 아니다.

풀이 $a \circ b = c \notin \{e, a, b\}$이므로 $(\{e, a, b\}, \circ)$는 $(K_4, \circ)$의 부분군이 아니다. ❑

예제 19 $(S_3, \circ)$는 군이다. $(\{i, \sigma_1\}, \circ)$는 $(S_3, \circ)$의 부분군이다.

풀이 (1) $i \circ i = i = \sigma_1 \circ \sigma_1$, $i \circ \sigma_1 = \sigma_1 = \sigma_1 \circ i$이므로 닫혀 있다.

(2) i, $\sigma_1 \in S_3$에 대해서 $i \in S_3$가 존재하여 다음을 만족한다.

$$i \circ i = i = i \circ i$$
$$\sigma_1 \circ i = \sigma_1 = i \circ \sigma_1$$

즉, 항등원이 존재한다.

(3) i, $\sigma_1 \in S_3$에 대해서 역원이 존재한다.

즉, 다음을 알 수 있다.

$$i\text{의 역원} : i$$
$$\sigma_1\text{의 역원} : \sigma_1$$

❑

예제 20 $(S_3, \circ)$는 가환군이 아니다.

풀이 $\rho_1 \circ \sigma_1 \neq \sigma_1 \circ \rho_1$ ❑

정의

$H < G, a \in G$ 인 경우 다음과 같이 정의한다.

$$Ha = \{ha | h \in H\}, \ aH = \{ah | h \in H\}$$

정리 3

$H < G, a \in G$ 인 경우 다음이 성립한다.

$$G = \cup Ha, \quad \cap Ha = \varnothing$$

예제 21 $G = (Z_4, +)$는 군이고 $H = \{0, 2\} < G = Z_4$임을 알 수 있다.

그 결과 다음이 성립한다.

$$H + 0 = \{0, 2\}$$
$$H + 1 = \{1, 3\}$$
$$H + 2 = \{0, 2\}$$
$$H + 3 = \{1, 3\}$$

그리고 다음을 만족한다.

$$G = H + 0 \ \cup \ H + 1, \quad H + 0 \ \cap \ H + 1 = \varnothing$$ ❑

예제 22 $G = (Z, +)$는 가환군이고 $H = 3Z < G = Z$임을 알 수 있다.

그 결과 다음이 성립한다.

$$H + 0 = 3Z = \{\cdots, -3, 0, 3, 6, 9, \cdots\}$$
$$H + 1 = 3Z + 1 = \{\cdots, -2, 1, 4, \cdots\}$$
$$H + 2 = 3Z + 2 = \{\cdots, -1, 2, 5, \cdots\}$$

그리고 다음을 만족한다.

$$G = H + 0 \ \cup H + 1 \ \cup H + 2, \quad H + 0 \cap H + 1 \ \cap H + 2 = \varnothing$$ ❑

예제 23 $G=(S_3, \circ)$는 군이고 $H=(\{i,\sigma_1\}, \circ)$는 $(S_3, \circ)$의 부분군이다.
그 결과 다음이 성립한다.

$$H\rho_1 = \{\rho_1, \sigma_1\},\ \ \rho_1 H = \{\rho_1, \sigma_3\}$$ ❑

정의

$H < G$이고 $Ha = aH,\ \ \forall a \in G$를 만족하는 H를 G의 정규 부분군(normal subgroup)이라 한다.

예제 24 $G=(Z_4, +)$는 군이고 $H=\{0, 2\} < G=Z_4$임을 알 수 있다.
그 결과 다음이 성립한다.

$$H+0=\{0, 2\}=0+H$$
$$H+1=\{1, 3\}=1+H$$

즉, H는 G의 정규 부분군이다.

예제 25 $G=(Z, +)$는 가환군이고 $H=3Z < G=Z$임을 알 수 있다.
그 결과 다음이 성립한다.

$$H+0=3Z=\{\cdots, -3, 0, 3, 6, 9, \cdots\}=0+H$$
$$H+1=3Z+1=\{\cdots, -2, 1, 4, \cdots\}=1+H$$
$$H+2=3Z+2=\{\cdots, -1, 2, 5, \cdots\}=2+H$$

즉, H는 G의 정규 부분군이다.

예제 26 $G=(S_3, \circ)$는 군이고 $H=(\{i, \sigma_1\}, \circ)$는 $(S_3, \circ)$의 부분군이다.
그 결과 다음이 성립한다.

$$H\rho_1 = \{\rho_1, \sigma_1\},\ \ \rho_1 H = \{\rho_1, \sigma_3\}$$

그리고 다음을 알 수 있다.

$$H\rho_1 \neq \rho_1 H$$

즉, H는 G의 정규 부분군이 아니다.

정의

H가 G의 정규 부분군인 경우 $\{Ha|a \in G\}$는 군이다. 이를 상군(quotient group)이라 하고 G/H로 나타낸다.

예제 27 $G=(Z_4, +)$는 군이고 $H=\{0,2\} < G=Z_4$임을 알 수 있다.

그 결과 다음이 성립한다.

$$H+0=\{0, 2\}=0+H$$
$$H+1=\{1, 3\}=1+H$$

즉, H는 G의 정규 부분군이다.

그 결과 G/H는 다음과 같다.

$$G/H=\{H+0, H+1\}$$

그리고 다음을 알 수 있다.

상군 G/H의 항등원 : $H+0$

$H+0$의 역원 : $H+0$

$H+1$의 역원 : $H+1$

예제 28 $G=(Z, +)$는 가환군이고 $H=3Z < G=Z$임을 알 수 있다.

그 결과 다음이 성립한다.

$$H+0=3Z=\{\cdots, -3, 0, 3, 6, 9, \cdots\}=0+H$$
$$H+1=3Z+1=\{\cdots, -2, 1, 4, \cdots\}=1+H$$
$$H+2=3Z+2=\{\cdots, -1, 2, 5, \cdots\}=2+H$$

즉, H는 G의 정규 부분군이다.

그 결과 G/H는 다음과 같다.

$$G/H=\{H+0, H+1, H+2\}$$

그리고 다음을 알 수 있다.

상군 G/H의 항등원 : $H+0$

$H+0$의 역원 : $H+0$

$H+1$의 역원 : $H+2$

$$H+2\text{의 역원 : } H+1$$

위의 식에서 다음과 같이 나타낸다.

$$H+0=\overline{0}$$

$$H+1=\overline{1}$$

$$H+2=\overline{2}$$

또한 다음을 알 수 있다.

$$G/H=Z/3Z=Z_3=\{\overline{0},\overline{1},\overline{2}\}=\{0,1,2\}$$

정의

군 G, K와 함수 $f: G \to K$에 대해서 다음을 만족하면 f를 준동형사상(homomorphism)이라 한다.

$$f(ab)=f(a)f(b)$$

또한 $f: G \to K$가 일대일 대응인 경우 f를 동형사상(isomorphism)이라 한다.

예제 29 $G=(R,+)$, $K=((0,\infty],\times)$이고 $f(x)=3^x$인 경우 f는 준동형사상이다.

풀이 $f(a+b)=3^{a+b}=3^a3^b=f(a)f(b)$ ❑

예제 30 $G=(Z,+)$, $K=(5Z,+)$이고 $f(x)=5x$인 경우 f는 동형사상이다.

풀이 $f(a+b)=5(a+b)=5a+5b=f(a)+f(b)$

그리고 f는 일대일 대응이다. ❑

정리 4

$f: G \to K$가 준동형사상인 경우 다음이 성립한다.

1) $f(e)=e$

2) $f(a^{-1})=f(a)^{-1}$

예제 31 $f: G \to K$가 동형사상인 경우 $f^{-1}: K \to G$ 역시 동형사상임을 알 수 있다.

정의

$f: G \to K$가 준동형사상인 경우, 집합$\{a \in G | f(a) = e\}$를 f의 핵(kernel)이라 하고 $Ker(f)$로 나타낸다. 또한 집합$\{f(a) | \forall a \in G\}$를 f의 상(image)이라 하고 $Im(f)$로 나타낸다.

정리 5

$f: G \to K$가 준동형사상인 경우 다음이 성립한다.

(1) $Ker(f) < G$

(2) $Im(f) < K$

정리 6

$f: G \to K$가 준동형사상인 경우 다음은 서로 동치이다.

(1) f는 일대일 함수이다

(2) $Ker(f) = \{e\}$

예제 32 $f: Z \to Z_3$, $f(x)$는 x를 3으로 나눈 나머지에 대응하는 경우 f는 준동형사상이다. 그 결과 다음을 알 수 있다.

$$Ker(f) = \{\cdots, -3, 0, 3, 6, 9, \cdots\}$$ ❑

예제 33 $G = (R, +)$, $K = ((0, \infty], \times)$이고 $f(x) = 3^x$인 경우 f는 준동형사상이다.

그리고 다음을 알 수 있다.

$$\begin{aligned} Ker(f) &= \{a \in R | f(a) = 1\} \\ &= \{a \in R | 3^a = 1\} \\ &= \{a = 0\} \end{aligned}$$

그 결과 다음과 같다.

f는 일대일 함수 ❑

9.2 환

정의

$(R, +, \cdot)$이 다음을 만족하면 환(ring)이라 한다.

(1) $(R, +)$는 가환군이다.

(2) $(R, \cdot)$는 반군이다.

(3) $\forall a, zb, c \in R \quad (a+b) \cdot c = a \cdot c + b \cdot c$

예제 1 $(Z, +, \cdot)$는 환이다.

풀이 (1) $(Z, +)$는 가환군이다.

(2) $(Z, \cdot)$는 반군이다.

(3) $\forall a, b, c \in Z \quad (a+b) \cdot c = a \cdot c + b \cdot c$ ❑

예제 2 $Z/3Z = Z_3 = \{\overline{0}, \overline{1}, \overline{2}\} = \{0,1,2\}$인 경우 $(Z_3, +, \cdot)$는 환이다.

풀이 (1) $(Z_3, +)$는 가환군이다.

(2) $(Z_3, \cdot)$는 반군이다.

(3) $\forall a, b, c \in Z_3 \quad (a+b) \cdot c = a \cdot c + b \cdot c$ ❑

정의

$(R, +, \cdot)$이 다음을 만족하면 가환환이라 한다.

(1) $(R, +)$는 가환군이다.

(2) $(R, \cdot)$는 반군이다.

(3) $\forall a, b, c \in R \quad (a+b) \cdot c = a \cdot c + b \cdot c$

(4) $\forall a, b \in R \quad a \cdot b = b \cdot a$

예제 3 $(Z, +, \cdot)$는 가환환이다.

풀이 (1) $(Z, +)$는 가환군이다.

(2) $(Z, \cdot)$는 반군이다.

(3) $\forall a, b, c \in Z \quad (a+b) \cdot c = a \cdot c + b \cdot c$

(4) $\forall a, b \in Z \quad a \cdot b = b \cdot a$ ❑

예제 4 $Z/3Z = Z_3 = \{\bar{0}, \bar{1}, \bar{2}\} = \{0, 1, 2\}$인 경우 $(Z_3, +, \cdot)$는 가환환이다.

풀이 (1) $(Z_3, +)$는 가환군이다.

(2) $(Z_3, \cdot)$는 반군이다.

(3) $\forall a, b, c \in Z_3 \quad (a+b) \cdot c = a \cdot c + b \cdot c$

(4) $\forall a, b \in Z_3 \quad a \cdot b = b \cdot a$ ❑

정의

$(R, +, \cdot)$이 다음을 만족하면 단위원(unit)을 갖는 환이라 한다.

1) $(R, +)$는 가환군이다.

2) $(R, \cdot)$는 모노이드이다.

3) $\forall a, b, c \in R \quad (a+b) \cdot c = a \cdot c + b \cdot c$

예제 5 $(Z, +, \cdot)$는 단위원을 갖는 환이다.

풀이 (1) $(Z, +)$는 가환군이다.

(2) $(Z, \cdot)$는 모노이드이다.

(3) $\forall a, b, c \in Z \quad (a+b) \cdot c = a \cdot c + b \cdot c$ ❑

예제 6 $Z/3Z = Z_3 = \{\bar{0}, \bar{1}, \bar{2}\} = \{0,1,2\}$인 경우 $(Z_3, +, \cdot)$는 단위원을 갖는 환이다.

풀이 (1) $(Z_3, +)$는 가환군이다.

(2) $(Z_3, \cdot)$는 모노이드이다.

(3) $\forall a, b, c \in Z_3 \quad (a+b) \cdot c = a \cdot c + b \cdot c$

단위원을 갖는 환$(R, +, \cdot)$에서 다음이 성립한다.

$$1 \neq 0$$

만약 $1=0$을 가정하면 다음과 같다.

$\forall a \in R \quad a = a \cdot 1 = a \cdot 0 = 0$

즉, $R = \{0\}$임을 알 수 있다. ❑

정의

가환환 $(R, +, \cdot)$에서 $a \neq 0$에 대해서 $b \neq 0$가 존재하여 다음이 성립한다.

$$a \cdot b = 0$$

이 때 $a \neq 0$를 영인자(zero divisor)라고 한다.

예제 7 $Z/6Z = Z_6 = \{\bar{0}, \bar{1}, \bar{2}, \bar{3}, \bar{4}, \bar{5}\} = \{0, 1, 2, 3, 4, 5\}$인 경우

$(Z_6, +, \cdot)$는 가환환이다.

$2 \cdot 3 = 0$에서 다음을 알 수 있다.

$$2 : \text{영인자}$$ ❑

정의

단위원을 갖는 가환환 $(R, +, \cdot)$에서 영인자가 존재하지 않는 경우 $(R, +, \cdot)$을 정역(integral domain)이라 한다.

예제 $(Z, +, \cdot)$는 단위원을 갖는 가환환이다.

그러나 영인자가 존재하지 않으므로 정역이다.

정의

$(R,+,\cdot)$이 다음을 만족하면 나눗셈 환이라 한다.

(1) $(R,+)$는 가환군이다.

(2) $(R-\{0\}, \cdot)$는 군이다.

(3) $\forall a,b,c \in R \quad (a+b) \cdot c = a \cdot c + b \cdot c$

예제 8 $Z/3Z = Z_3 = \{\overline{0}, \overline{1}, \overline{2}\} = \{0,1,2\}$인 경우 $(Z_3, +, \cdot)$는 나눗셈 환이다.

풀이 1) $(Z_3, +)$는 가환군이다.

2) $(Z_3 - \{0\}, \cdot)$는 군이다.

3) $\forall a, b, c \in Z_3 \quad (a+b) \cdot c = a \cdot c + b \cdot c$ ❑

예제 9 $Q = \left\{ \frac{q}{p} \mid p \neq 0 \text{ and } p, q \in Z \right\}$인 경우 $(Q, +, \cdot)$는 나눗셈 환이다.

단, 다음과 같다.

$$\frac{a}{b} = \frac{y}{x} \quad \Leftrightarrow \quad a \cdot x = b \cdot y$$

풀이 (1) $(Q, +)$는 가환군이다.

(2) $(Q, \cdot)$는 군이다.

(3) $\forall a, b, c \in Q \quad (a+b) \cdot c = a \cdot c + b \cdot c$ ❑

정의

$(R, +, \cdot)$이 다음을 만족하면 체(field)라 한다.

(1) $(R, +)$는 가환군이다.

(2) $(R - \{0\}, \cdot)$는 가환군이다.

(3) $\forall a, b, c \in R \quad (a+b) \cdot c = a \cdot c + b \cdot c$

예제 10 $Z/6Z = Z_6 = \{\overline{0}, \overline{1}, \overline{2}, \overline{3}, \overline{4}, \overline{5}\} = \{0, 1, 2, 3, 4, 5\}$인 경우 $(Z_6, +, \cdot)$는 체가 아니다.

풀이 2, 3, 4는 곱셈에 대한 역원이 존재하지 않는다. ❑

예제 11 $Z/5Z = Z_5 = \{\overline{0}, \overline{1}, \overline{2}, \overline{3}, \overline{4}\} = \{0, 1, 2, 3, 4\}$인 경우 $(Z_5, +, \cdot)$는 체이다.

풀이 1의 곱셈에 대한 역원 : 1

2의 곱셈에 대한 역원 : 3

3의 곱셈에 대한 역원 : 2

4의 곱셈에 대한 역원 : 4 ❑

정리 1

단위원을 갖는 환 $(R, +, \cdot)$에서 다음이 성립한다.

(1) $a \cdot 0 = 0 = 0 \cdot a$

(2) $a \cdot (-b) = -(a \cdot b) = (-a) \cdot b$

(3) $-(-a) = a$

(4) $-(a+b) = (-a) + (-b)$

(5) $-(a-b) = -a + b$

(6) $(-a) \cdot (-b) = a \cdot b$

(7) $(-1) \cdot a = -a$

정의

환 R, S와 함수 $f: R \to S$에 대해서 다음을 만족하면 f를 준동형사상이라 한다.

(1) $f(a+b) = f(a) + f(b)$

(2) $f(ab) = f(a)f(b)$

또한 $f: R \to S$가 일대일 대응인 경우 f를 동형사상이라 한다.

예제 12 $(Z, +, \cdot)$는 단위원을 갖는 가환환이다.

$f: Z \to Z,\ f(n) = n+2$인 경우 f는 준동형사상이 아니다.

풀이 $f(n+m) = n+m+2$

$f(n) + f(m) = n+2+m+2 = n+m+4$

그 결과 다음과 같다.

$$f(n+m) \neq f(n) + f(m)$$

❑

예제 13 $(C, +, \cdot)$는 체이다. 단, 다음과 같다.

$(a+bi) + (c+di) = (a+c) + (b+d)i$

$(a+bi) \cdot (c+di) = (ac-bd) + (bc+ad)i$

단, $i^2 = -1$

그 결과 다음이 성립한다.

$f: C \to C,\ f(a+bi) = a-bi$인 경우 f는 동형사상이다.

풀이 $f((a+bi)+(c+di)) = f((a+c)+(b+d)i) = (a+c)-(b+d)i$

$f(a+bi)+f(c+di) = (a-bi)+(c-di) = (a+c)-(b+d)i$

그 결과 다음과 같다.

$$f((a+bi)+(c+di)) = f(a+bi)+f(c+di)$$

또한 다음을 알 수 있다.

$$f((a+bi)\cdot(c+di)) = f((ac-bd)+(bc+ad)i) = (ac-bd)-(bc+ad)i$$

$$f(a+bi)\cdot f(c+di) = (a-bi)\cdot(c-di) = (ac-bd)-(bc+ad)i$$

그 결과 다음과 같다.

$$f((a+bi)\cdot(c+di)) = f(a+bi)\cdot f(c+di)$$ ❏

연습문제

01. 다음 중 곱셈인 이항연산의 성립 여부를 설명하시오.

(1) $A = \{-1, 0, 1\}$

(2) $B = \{b | b = 2k,\ k \in Z\}$

(3) $C = \{c | c = 2k+1,\ k \in Z\}$

(4) $D = \left\{ d | \ \dfrac{d}{a} \ \Rightarrow \ a = d \text{ 또는 } a = 1 \right\}$ 즉, 소수의 집합

02. $(N, \circ)$, 단 $a \circ b$는 a, b의 최소공배수

(1) $4 \circ 6$, $5 \circ 15$, $8 \circ 15$를 구하시오.

(2) $(N, \circ)$의 반군 성립 여부를 설명하시오.

(3) $(N, \circ)$의 모노이드 성립 여부를 설명하시오.

(4) $(N, \circ)$의 군 성립 여부를 설명하시오.

(5) $(N, \circ)$의 가환군 성립 여부를 설명하시오.

03. $(Q, \circ)$, 단 $a \circ b = a + b + ab$

(1) $4 \circ 6$, $5 \circ -2$, $2 \circ \dfrac{1}{3}$를 구하시오.

(2) $(Q, \circ)$의 반군 성립 여부를 설명하시오.

(3) $(Q, \circ)$의 모노이드 성립 여부를 설명하시오.

(4) $(Q, \circ)$의 군 성립 여부를 설명하시오.

(5) $(Q, \circ)$의 가환군 성립 여부를 설명하시오.

04. $(R, \circ)$, 단 $a \circ b = a - b - ab$

(1) $-3 \circ 6$, $-1 \circ -2$, $\dfrac{2}{3} \circ \dfrac{1}{3}$를 구하시오.

(2) $(R, \circ)$의 반군 성립 여부를 설명하시오.

(3) $(R, \circ)$의 모노이드 성립 여부를 설명하시오.

(4) $(R, \circ)$의 군 성립 여부를 설명하시오.

(5) $(R, \circ)$의 가환군 성립 여부를 설명하시오.

05. $(Z_{26}, +, \cdot)$에서 다음을 구하시오.

(1) "+"에 대한 항등원

(2) 20의 "+"에 대한 역원

(3) "$\cdot$"에 대한 항등원

(4) 3의 "$\cdot$"에 대한 역원

(5) 15의 "$\cdot$"에 대한 역원

06. $(5Z, +)$는 가환군임을 설명하시오.

07. $(Z_4, +)$는 이항연산에서 군이다. 모든 부분군을 구하시오.

08. $(K_4, \circ)$는 이항연산에서 군이다. 모든 부분군을 구하시오.

09. $H,K < G \Rightarrow H \cap K < G$임을 증명하시오.

10. $H,K < G$ 그러나 $H \cup K < G$는 성립하지 않음을 설명하시오.

11. $G = (Z,+)$는 가환군이고 $H = 5Z < G = Z$인 경우 다음을 구하시오.

$$H+0,\ H+1,\ H+2,\ H+3,\ H+4$$

12. $f: G \to K$가 준동형사상인 경우 다음을 증명하시오.

(1) $f(e) = e$

(2) $f(a^{-1}) = f(a)^{-1}$

13. $f: G \to K$가 동형사상인 경우 $f^{-1}: K \to G$ 역시 동형사상임을 증명하시오.

14. $f: G \to K$가 준동형사상인 경우 다음을 증명하시오.

(1) $Ker(f) < G$

(2) $Im(f) < K$

15. $f: G \to K$가 준동형사상인 경우 다음이 서로 동치임을 증명하시오.

(1) f는 일대일 함수이다

(2) $Ker(f) = \{e\}$

16. $(Z_7, +, \cdot)$는 환임을 설명하시오.

17. $(C, +, \cdot)$는 체임을 설명하시오.

18. $f: G \to K$, $g: K \to H$가 준동형사상인 경우,

$g \circ f: G \to H$도 준동형사상임을 증명하시오.

19. $(Z_{26}, +, \cdot)$에서 영인자을 구하시오.

20. 단위원을 갖는 환 $(R, +, \cdot)$에서 다음을 증명하시오.

(1) $a \cdot 0 = 0 = 0 \cdot a$

(2) $a \cdot (-b) = -(a \cdot b) = (-a) \cdot b$

(3) $-(-a) = a$

(4) $-(a+b) = (-a) + (-b)$

(5) $-(a-b) = -a + b$

(6) $(-a) \cdot (-b) = a \cdot b$

(7) $(-1) \cdot a = -a$

Chapter _ 10

암호체계

로마 시대의 시저도 사용했던 암호통신방법은 통신에 대한 수요와 요구가 증가하면서 정보의 전송과 수록은 물론 도청방지를 위하여 널리 이용되고 있다. 비밀 유지를 위한 암호는 외교, 군사 그리고 행정 등에서 비밀을 요구하는 문서와 저장된 자료의 송신, 디지털 서명, 전자 자금 전송, 개인 식별 번호 등에 널리 이용되고 있다. 또한 전자상거래, 온라인게임, 전자우편 등 인터넷에서 이루어지는 각종 활동의 보안에 이용되고 있다.

날로 높아지고 있는 암호에 대해서 우리가 배운 수학적 지식을 바탕으로 비밀열쇠 암호체계와 공개열쇠 암호체계에 대해서 간략하게 소개한다.

10.1 비밀열쇠 암호체계

암호화하는 열쇠와 복호화하는 열쇠가 동일하다. 이 두 열쇠는 송신자와 수신자만이 공유하는 비밀열쇠이다. 대칭암호 체계라고 한다.

암호화(encryption) 알고리즘은 다음과 같다.

$$E_K : Z_m \rightarrow Z_m$$

복호화(decryption) 알고리즘은 다음과 같다.

$$D_K : Z_m \to Z_m$$

알파벳의 각 문자는 Z_{26}의 원소에 다음과 같이 일대일 대응한다.

문자	A	B	C	D	E	F	G	H	I	J	K	L	M
숫자	00	01	02	03	04	05	06	07	08	09	10	11	12
문자	N	O	P	Q	R	S	T	U	V	W	X	Y	Z
숫자	13	14	15	16	17	18	19	20	21	22	23	24	25

1. 평행이동 암호체계

암호화 알고리즘은 다음과 같다.

$$E_K : Z_{26} \to Z_{26}, \quad E_K(x) = x + K$$

복호화 알고리즘은 다음과 같다.

$$D_K : Z_{26} \to Z_{26}, \quad D_K(x) = x - K$$

그 결과 다음을 알 수 있다.

$$D_K(E_K(x)) = D_K(x + K) = x + K - K = x$$

$K = 3$인 경우 시저 암호문이라고 한다.

평문 : Send me a document

18 04 13 03 12 04 00 03 14 02 20 12 04 13 19

02 14 23 13 22 14 10 13 24 12 04 22 14 23 03

암호문 : c o x n w o k n y m e w o x d

2. 아핀 암호체계

암호화 알고리즘은 다음과 같다.

$$E_K : Z_{26} \rightarrow Z_{26}, \quad E_K(x) = ax + b \quad \text{단, } K = (a, b)$$

복호화 알고리즘은 다음과 같다.

$$D_K : Z_{26} \rightarrow Z_{26}, \quad D_K(x) = a^{-1}(x - b)$$

그 결과 다음을 알 수 있다.

$$D_K(E_K(x)) = D_K(ax + b) = a^{-1}(ax + b - b) = x$$

예를 들면 다음과 같다.

$E_K(x) = 3x + 7$인 경우 다음이 성립한다.

$$\begin{aligned} D_K(x) &= 3^{-1}(x - 7) \\ &= 9(x - 7) \\ &= 9x + 15 \end{aligned}$$

그리고 열쇠의 개수는 다음과 같다.

$$\psi(26) \cdot 26 = 12 \cdot 26 = 312 \quad \text{단, } \psi\text{는 오일러 함수}$$

3. 대치 암호체계

암호화 알고리즘은 다음과 같다.

$$E_K : Z_{26} \rightarrow Z_{26}, \quad E_K(x) = \pi(x) \quad \text{단, } \pi : Z_{26} \rightarrow Z_{26}\text{는 치환(permutation)이다.}$$

복호화 알고리즘은 다음과 같다.

$$D_K : Z_{26} \rightarrow Z_{26}, \quad D_K(x) = \pi^{-1}(x)$$

그 결과 다음을 알 수 있다.

$$D_K(E_K(x)) = D_K(\pi(x)) = \pi^{-1}(\pi(x)) = x$$

그리고 열쇠의 개수의 최대값은 다음과 같다.

$$26! \fallingdotseq 4 \cdot 10^{26}$$

예를 들면 다음과 같다.

$$\pi = \begin{pmatrix} a\,b\,c\,d\,e\,f\,g\,h\,i\,j\,k\,l\,m\,n\,o\,p\,q\,r\,s\,t\,u\,v\,w\,x\,y\,z \\ u\,y\,k\,l\,t\,j\,x\,s\,b\,a\,r\,v\,m\,z\,g\,f\,h\,i\,n\,w\,e\,p\,o\,d\,e\,q \end{pmatrix}$$

$$\pi^{-1} = \begin{pmatrix} u\,y\,k\,l\,t\,j\,x\,s\,b\,a\,r\,v\,m\,z\,g\,f\,h\,i\,n\,w\,e\,p\,o\,d\,e\,q \\ a\,b\,c\,d\,e\,f\,g\,h\,i\,j\,k\,l\,m\,n\,o\,p\,q\,r\,s\,t\,u\,v\,w\,x\,y\,z \end{pmatrix}$$

4. Vegenere 암호체계

암호화 알고리즘은 다음과 같다.

$$E_K : {Z_{26}}^n \rightarrow {Z_{26}}^n, \quad E_K(x_1, \ldots, x_n) = (x_1 + K_1, \ldots, x_n + K_n)$$

복호화 알고리즘은 다음과 같다.

$$D_K : {Z_{26}}^n \rightarrow {Z_{26}}^n, \quad D_K(x_1, \ldots, x_n) = (x_1 - K_1, \ldots, x_n - K_n)$$

평문 : Send me a document

18 04 13 03 12 04 00 03 14 02 20 12 04 13 19

열쇠 $K = (2, 8, 15, 7, 4, 17)$ 암호인 경우 다음이 성립한다.

20 12 02 10 16 21 02 11 03 09 24 16 06 21 08

암호문 : u m c k q v c l d j y q g v I

열쇠인 K가 여섯 개의 문자로 구성된 경우 열쇠의 개수는 다음과 같다.

$$26^6$$

특히 평문의 동일한 문자가 암호문에서는 다른 문자로 변환될 수 있다.

5. 치환 암호체계

암호화 알고리즘은 다음과 같다.

$$E_K : {Z_{26}}^n \rightarrow {Z_{26}}^n, \quad E_K(x_1, \ldots, x_n) = (x_{\pi(1)}, \ldots, x_{\pi(n)})$$

복호화 알고리즘은 다음과 같다.

$$D_K : {Z_{26}}^n \rightarrow {Z_{26}}^n, \quad D_K(x_1, \ldots, x_n) = (x_{\pi^{-1}(1)}, \ldots, x_{\pi^{-1}(n)})$$

평문 : Send me a document

18 04 13 03 12 04 00 03 14 02 20 12 04 13 19

열쇠 K를 다음과 같이 정의하면 다음이 성립한다.

$$\pi = \begin{bmatrix} 1\,2\,3\,4\,5 \\ 3\,1\,5\,4\,2 \end{bmatrix}$$

04 12 18 03 13 00 02 04 14 03 12 19 20 13 04

암호문 : e m s d n a c e o d m t u n e

6. ADFGVX 암호체계

	A	D	F	G	V	X
A	A	D	F	G	V	X
D	K	Z	W	R	I	F
F	9	B	6	C	L	5
G	E	V	Y	3	A	N
V	8	O	D	H	0	2
X	U	4	1	S	T	M

평문 : CRYPTOGRAPHY

DG AG GF FG XV VD FV AG GV PG VG GF

D G A G G F F G
X V V D F V A G
G V P G V G G F

열쇠 K = Security에 대해서 다음과 같이 정의하여 암호문을 구할 수 있다.

$$\pi = \begin{bmatrix} 1\,2\,3\,4\,5\,6\,7\,8 \\ 5\,2\,1\,7\,4\,3\,6\,8 \end{bmatrix}$$

7. 힐의 암호체계

암호화 알고리즘은 다음과 같다.

$$E_K : {Z_{26}}^n \rightarrow {Z_{26}}^n, \quad E_K(x_1, \ldots, x_n) = (y_1, \ldots, y_n)$$

$$\begin{pmatrix} y_1 \\ \vdots \\ y_n \end{pmatrix} = K \begin{pmatrix} x_1 \\ \vdots \\ x_n \end{pmatrix}$$

복호화 알고리즘은 다음과 같다.

$$D_K : {Z_{26}}^n \rightarrow {Z_{26}}^n, \quad D_K(x_1, \ldots, x_n) = (y_1, \ldots, y_n)$$

$$\begin{pmatrix} y_1 \\ \vdots \\ y_n \end{pmatrix} = K^{-1} \begin{pmatrix} x_1 \\ \vdots \\ x_n \end{pmatrix}$$

예를 들면 다음과 같다.

$K = \begin{pmatrix} 4 & 7 \\ 9 & 22 \end{pmatrix}$이면 $K = K^{-1}$이므로 다음이 성립한다.

평문 : Send

18 04 13 03

22 16 21 01

암호문 : w q v b

즉, 다음과 같다.

$$\begin{bmatrix} 4 & 7 \\ 9 & 22 \end{bmatrix} \begin{bmatrix} 21 \\ 01 \end{bmatrix} = \begin{bmatrix} 13 \\ 03 \end{bmatrix} \quad \text{그리고} \quad \begin{bmatrix} 4 & 7 \\ 9 & 22 \end{bmatrix} \begin{bmatrix} 13 \\ 03 \end{bmatrix} = \begin{bmatrix} 21 \\ 01 \end{bmatrix}$$

10.2 공개열쇠 암호체계

암호화하는 열쇠와 복호화하는 열쇠가 서로 다르다.
암호화하는 열쇠는 공개하고 복호화하는 열쇠는 비밀로 보관한다.
비대칭암호 체계

정의

$Z_m = \{0, 1, 2, \cdots, m-1\}$에서 m과 서로소인 자연수 전체의 집합을 Z_m^*로 나타내고 Z_m^*의 원소의 개수를 $\psi(m)$으로 나타낸다.
그리고 $\psi : N \rightarrow N$을 오일러 함수라고 한다.

예제 1 다음을 알 수 있다.

$Z_1^* = \{0\}$에서 $\psi(1) = 1$

$Z_2^* = \{1\}$에서 $\psi(2) = 1$

$Z_3^* = \{1, 2\}$에서 $\psi(3) = 2$

$Z_4^* = \{1, 3\}$에서 $\psi(4) = 2$

$Z_5^* = \{1, 2, 3, 4\}$에서 $\psi(5) = 4$

$Z_6^* = \{1, 5\}$에서 $\psi(6) = 2$

$Z_{10}^* = \{1, 3, 7, 9\}$에서 $\psi(10) = 4$

정리 1

p가 소수인 경우 다음이 성립한다.

1) $Z_p^* = \{1, 2, \cdots, p-1\} = Z_p - \{0\}$

2) $\psi(p) = p-1$

예제 2 $p=7$인 경우 다음이 성립한다.

1) $Z_7^*=\{1, 2, 3, 4, 5, 6\}=Z_7-\{0\}$

2) $\psi(7)=6$

정리 2

다음이 성립한다.

1) $\psi(1)=1$

2) $(m, n)=1$인 경우 다음과 같다.

$$\psi(mn)=\psi(m)\psi(n)$$

3) p가 소수인 경우 다음이 성립한다.

$$\psi(p^k)=p^k-p^{k-1}=p^{k-1}(p-1)$$

예제 3 $(2,5)=1$에서 다음과 같다.

$$\psi(10)=\psi(2)\psi(5)=4$$

또한 다음이 성립한다.

$$\psi(8)=\psi(2^3)=2^3-2^2=4$$

예제 4 $\psi(720)$을 구하시오.

풀이
$$\begin{aligned}\psi(720)&=\psi(2^4 3^2 5)\\&=\psi(2^4)\psi(3^2)\psi(5)\\&=(2^4-2^3)(3^2-3^1)4\\&=8\cdot 6\cdot 4\\&=192\end{aligned}$$
❑

정리 3

오일러 정리 $(a,m)=1$을 만족하는 임의의 자연수 m, a에 대해서 다음이 성립한다.

$$a^{\psi(m)}=1, \ \mathrm{mod}(m)$$

예제 5 $(3, 4) = 1$이고 다음과 같다.

$$3^{\psi(4)} = 3^2 = 1, \ \bmod(4)$$

예제 6 $(2, 5) = 1$이고 다음과 같다.

$$2^{\psi(5)} = 2^4 = 16 = 1, \ \bmod(5)$$

정리 4

페르마 정리 $(a, p) = 1$을 만족하는 임의의 자연수 a와 소수 p에 대해서 다음이 성립한다.

$$a^{p-1} = 1, \ \bmod(p)$$

$$\text{또는 } a^p = p, \ \bmod(p)$$

예제 7 $(5,11) = 1$이고 $\psi(11) = 10$에서 다음을 알 수 있다.

$$5^{10} = 1, \bmod(11)$$

그 결과는 다음과 같다.

$$\begin{aligned} 5^{38} &= 5^{30+8} \\ &= (5^{10})^3 \cdot 5^8 \\ &= 5^8 \\ &= (5^2)^4 \\ &= 25^4 \\ &= 3^4 \\ &= 9^2 \\ &= (-2)^2 \\ &= 4, \ \bmod(11) \end{aligned}$$

정의

$(a,m)=1$을 만족하는 임의의 자연수 $m \geq 2$, a에 대해서 다음을 만족하는 가장 작은 자연수 r이 존재한다.

$$a^r = 1,\ \mathrm{mod}(m)$$

이 때 r을 $\mathrm{mod}(m)$에 관한 a의 위수(order)라고 하고 $r=\mathrm{ord}_m a$로 나타낸다.

예제 8 $(2,15)=1$이고 $\psi(15)=\psi(3) \cdot \psi(5)=2 \cdot 4=8$임을 알 수 있다.

$$2^1 = 2,\ \mathrm{mod}(15),\ 2^2 = 4,\ \mathrm{mod}(15)$$

$$2^3 = 8,\ \mathrm{mod}(15),\ 2^4 = 1,\ \mathrm{mod}(15)$$

에서 다음을 알 수 있다.

$$\mathrm{ord}_{15}2 = 4$$

예제 9 $(3,7)=1$이고 $\psi(7)=6$임을 알 수 있다.

$$3^1 = 3,\ \mathrm{mod}(7),\ 3^2 = 2,\ \mathrm{mod}(7)$$

$$3^3 = 6,\ \mathrm{mod}(7),\ 3^4 = 4,\ \mathrm{mod}(7)$$

$$3^5 = 5,\ \mathrm{mod}(7),\ 3^6 = 1,\ \mathrm{mod}(7)$$

에서 다음을 알 수 있다.

$$\mathrm{ord}_7 3 = 6 = \psi(7)$$

정의

$(a,\ m)=1$을 만족하는 임의의 자연수 $m \geq 2$대해서 다음을 만족하는 자연수 a가 존재하는 경우 a를 $\mathrm{mod}(m)$에 관한 원시근이라 한다.

$$\mathrm{ord}_m a = \psi(m)$$

예제 10 $m=7$인 경우 다음을 알 수 있다.

$$Z_7^* = \{1,2,3,4,5,6\}$$

이 때 다음이 성립한다.

1의 위수는 1이다.

$$1^1 = 1$$

2의 위수는 3이다.

$$2^1 = 2,\ 2^2 = 4,\ 2^3 = 1$$

3의 위수는 6이다.

$$3^1 = 3,\ 3^2 = 2,\ 3^3 = 6,\ 3^4 = 4,\ 3^5 = 5,\ 3^6 = 1$$

4의 위수는 3이다.

$$4^1 = 4,\ 4^2 = 2,\ 4^3 = 1$$

5의 위수는 6이다.

$$5^1 = 5,\ 5^2 = 4,\ 5^3 = 6,\ 5^4 = 2,\ 5^5 = 3,\ 5^6 = 1$$

6의 위수는 2이다.

$$6^1 = 6, 6^2 = 1$$

즉, 다음과 같다.

3과 5는 mod(7)에 관한 원시근이다.

정리 3

mod(m)에 관한 원시근이 존재하는 경우 다음이 성립한다.

(1) $i > 0$에 대해서 다음과 같다.

$$a^i\text{가 } \mathrm{mod}(m)\text{에 관한 원시근} \Leftrightarrow (i, \psi(m)) = 1$$

(2) mod(m)에 관한 원시근의 개수 : $\psi(\psi(m))$

예제 11 $m = 13, a = 2$인 경우 다음이 성립한다.

$$2^1 = 2,\ 2^2 = 4,\ 2^3 = 8, 2^4 = 3$$

$$2^5 = 6,\ 2^6 = 12,\ 2^7 = 11, 2^8 = 9$$

$$2^9 = 5,\ 2^{10} = 10,\ 2^{11} = 7, 2^{12} = 1$$

즉, 다음과 같다.

2는 mod(13)에 관한 원시근이다.

$\psi(13)=12$에서 다음을 알 수 있다.

$$(1,12)=(5,12)=(7,12)=(11,12)=1$$

그 결과 다음과 같다.

$2^1=2,\ 2^5=6,\ 2^7=11, 2^{11}=7$은 $\text{mod}(13)$에 관한 원시근이다.

또한 다음을 알 수 있다.

$$\psi(\psi(13))=\psi(12)=4$$

즉, 다음과 같다.

$\text{mod}(13)$에 관한 원시근의 개수는 4이다.

정의

$\text{mod}(m)$에 관한 원시근 a가 존재하는 경우 $(g,m)=1$인 각 자연수 g에 대해서 다음을 만족하는 자연수 i를 $\text{mod}(m)$에 관한 g의 이산로그 또는 지수(index)라고 하고 $ind_a g$로 나타낸다.

$$g=a^i \ \text{mod}(m) \qquad \text{단, } 0\le i\le \psi(m)-1$$

즉, 다음과 같다.

$$ind_a g=i \ \Leftrightarrow \ g=a^i \ \text{mod}(m)$$

예제 12 $\text{mod}(13)$에 관한(2를 밑으로 가지는) 이산로그표는 다음과 같다.

$g=a^i$	1	2	3	4	5	6	7	8	9	10	11	12
$ind_a g=i$	0	1	4	2	9	5	11	3	8	10	7	6

정의

(1) 두 유한집합 A, B에 대해서 일대일대응 함수 $f: A\rightarrow B$가 주어진 경우 모든 $a\in A$에 대해서 $f(a)$는 구할 수 있으나 $f^{-1}: B\rightarrow A$를 구하기 어려운 경우 $f: A\rightarrow B$를 일방향 함수(one-way function)라고 한다.

(2) $f: A\rightarrow B$가 일방향 함수이지만 추가적인 정보를 가지고 $f^{-1}: B\rightarrow A$를 구할 수 있는 경우 $f: A\rightarrow B$를 덫문 일방향 함수(trapdoor one-way function)라고 한다.

예제 13 홀수인 소수 p에 대해서 다음과 같다.

$$Z_p = \{0, 1, 2, \cdots, p-1\} \text{ 그리고 } Z_p^* = \{1, 2, \cdots, p-1\}$$

그 결과 다음이 성립한다.

$\mathrm{mod}(p)$에 관한 원시근 a가 존재하고 $a \in Z_p^*$을 만족한다.

그리고 다음과 같다.

$b \in Z_p^* = \{a^0, a^1, \cdots, a^{p-2}\}$ 그리고 $ind_a b$가 존재한다.

그 결과 다음을 알 수 있다.

$f : Z_{p-1} \to Z_p^*$, 단 $f(i) = a^i$는 일대일대응 함수이다.

즉, i에 대해서 $f(i)$는 구하기 쉽다.

그러나 $f(i) = b$를 만족하는 i를 구하는 방법은 알려져 있지 않다.

그러므로 $f : Z_{p-1} \to Z_p^*$는 일방향 함수이다.

예제 14 $m = pq$인 경우 두 소인수 p, q를 알면 다음이 성립한다.

$$\psi(m) = \psi(pq) = \psi(p) \cdot \psi(q) = (p-1) \cdot (q-1)$$

그러나 m을 알고 있어도 p, q를 구하는 방법은 알려져 있지 않다.

현재까지 개발된 인수분해 방법으로 자리수가 120 이상인 자연수를 인수분해할 수 없다. 더욱이 두 소인수 p, q가 모두 100 자리수이면 인수분해할 수 없다.

그러나 $m, \psi(m)$을 알면 다음과 같이 p, q를 구할 수 있다.

$$\psi(m) = (p-1) \cdot (q-1) = pq - (p+q) + 1$$

$m = pq$에서 다음을 알 수 있다.

$$p + q = m - \psi(m) + 1, \quad pq = m$$

그 결과 p, q를 구할 수 있다.

이 때, 추가적인 정보 $\psi(m)$이 덫문이다.

정의

(1) 자연수 m과 $(a, m) = 1$을 만족하는 임의의 자연수 a 대해서 다음을 만족하는 해가 존재하는 경우 a를 $\text{mod}(m)$에 관한 2차 잉여(quadratic residue)라고 한다.

$$x^2 = a, \ \ \text{mod}(m)$$

(2) 자연수 m과 $(a, m) = 1$을 만족하는 임의의 자연수 a 대해서 다음을 만족하는 해가 존재 하지 않는 경우 a를 $\text{mod}(m)$에 관한 2차 비잉여(quadratic non-residue)라고 한다.

$$x^2 = a, \ \ \text{mod}(m)$$

예제 15 $(2, 7) = 1$에서 다음을 알 수 있다.

$x^2 = 2, \ \ \text{mod}(7)$의 해는 다음과 같다.

$$x = 3, x = 4$$

예제 16 $(5, 7) = 1$에서 다음을 알 수 있다.

$x^2 = 5, \ \ \text{mod}(7)$의 해는 다음과 같다.

$$1^2 = 1, \ 2^2 = 4, \ 3^2 = 3, 4^2 = 2, \ 5^2 = 4, \ 6^2 = 1$$

그 결과 해는 존재하지 않는다.

예제 17 서로 다른 홀수인 소수 p, q에 대해서 $m = pq$인 경우 p, q를 알면 다음의 해를 구할 수 있다.

$$x^2 = a, \ \text{mod}(m) \quad \Leftrightarrow \quad x^2 = a, \ \text{mod}(p), \ x^2 = a, \ \text{mod}(q)$$

역으로 $x^2 = a, \ \text{mod}(m)$의 해를 알면 p, q를 구할 수 있다.

$m = 5 \cdot 7$인 경우 다음의 해를 구할 수 있다.

$$x^2 = 1, \ \text{mod}(35) \quad \Leftrightarrow \quad x^2 = 1, \ \text{mod}(5), \ x^2 = 1, \ \text{mod}(7)$$

그 결과 다음을 알 수 있다.

$$x = 6$$

예제 18 (D-H의 열쇠 교환 프로토콜)

큰 소수 p와 p에 관한 원시근 a를 택하여 공개한다.

A는 $2 \le r \le p-2$인 r을 택하여 다음을 만족하는 u를 구한다.

$$u = a^r, \ \mathrm{mod}(p)$$

A는 값을 구한 u를 B에게 보낸다.

B는 s를 택하여 다음을 만족하는 v를 구한다.

$$v = a^s, \ \mathrm{mod}(p)$$

B는 값을 구한 v를 A에게 보낸다.

A는 다음을 만족하는 k를 열쇠로 사용한다.

$$v^r = k, \ \mathrm{mod}(p)$$

B는 다음을 만족하는 k를 열쇠로 사용한다.

$$u^s = k, \ \mathrm{mod}(p)$$

예제 19 (동전 던지기 프로토콜)

A는 다음을 만족하는 큰 소수 p, q에 대해서 $m = pq$를 구하여 B에게 통보한다.

$$p = q = 3, \ \mathrm{mod}(4)$$

B는 임의의 b에 대해서 다음을 만족하는 a를 구하여 A에게 통보한다.

$$b^2 = a, \ \mathrm{mod}(m)$$

A는 다음을 만족하는 4개의 해를 구한다.

$$x^2 = a, \ \mathrm{mod}(m)$$

즉, 해는 다음과 같다.

$$x = b, \ m-b, c, \ m-c$$

이 중에서 1개만을 B에게 통보한다.

B는 A에게 받은 해를 다음을 통해서 확인할 수 있다.

$$x^2 = a, \ \mathrm{mod}(m)$$

m의 소인수 p, q를 알려주면 B의 승리이고 그렇지 못하면 A의 승리이다.

즉, B가 $x = b, \ m-b$를 통보받으면 A의 승리이다.

B가 $x = c, \ m-c$를 통보받으면 B의 승리이다.

예제 20 (영지식 프로토콜)

A는 다음을 만족하는 큰 소수 p, q에 대해서 p, q는 공개하지 않고 p, q를 알고 있는 사실을 B에게 확인시켜 주고 싶은 경우의 프로토콜이다.

$$p = q = 3, \ \mathrm{mod}(4)$$

A는 큰 소수 p, q에 대해서 $m = pq$를 구하여 B에게 통보한다.

B는 임의의 b에 대해서 다음을 만족하는 a를 구하여 A에게 통보한다.

$$b^4 = a, \ \mathrm{mod}(m)$$

A는 다음을 만족하는 c를 구하여 B에게 통보한다.

$$c^2 = a, \ \mathrm{mod}(m)$$

p, q를 모르는 경우 $c^2 = a, \ \mathrm{mod}(m)$을 만족하는 c를 구할 수 없음.

B는 다음을 확인한다.

$$c = b^2$$

예제 21 (RSA 암호체계)

홀수인 소수 p, q에 대해서 $m = p \times q$일 때, $(e, \psi(m)) = 1$인 e에 대해서 $ed = 1 \ (\mathrm{mod} \ \ \psi(m))$인 d를 구한다.

즉, 다음이 성립한다.

$$ed = \psi(m) \cdot k + 1$$

$E(x) = x^e, \quad D(x) = x^d$로 정의하면 다음과 같다.

$$D(E(x)) = D(x^e) = (x^e)^d = x^{ed} = x.$$

경우 1 $(x, m) = 1$, 단 $x \in Z_m$

$$x^{\psi(m)} = 1, \ \mathrm{mod}(m)$$

$$x^{ed} = x^{\psi(m)k+1} = x, \ \mathrm{mod}(m)$$

경우 2 $(x, m) \neq 1$

다음이 성립한다.

$$p|x, \ (x, q) = 1 \ \text{또는} \ q|x, \ (x, p) = 1.$$

그 결과 다음과 같다.

$$x = 0, \ \mathrm{mod}(p)$$

그러므로 다음을 만족한다.

$$x^{ed} = 0^{ed} = 0 = x, \ \mathrm{mod}(p)$$

또한 $(x,q) = 1$에서 다음을 알 수 있다.

$$x^{q-1} = 1, \ \mathrm{mod}(q)$$

그리고 다음이 성립한다.

$$ed = \psi(m)k + 1 = (p-1)(q-1)k + 1$$

그러므로 다음을 만족한다.

$$x^{ed} = x^{\psi(m)k+1} = x^{(p-1)(q-1)k+1} = x, \ \mathrm{mod}(q)$$

결론은 다음과 같다.

$$x^{ed} = x, \ \mathrm{mod}(pq) = \mathrm{mod}(m)$$

공개열쇠 : m, e

비밀열쇠 : p, q, d

예제 22 $p = 1733$, $q = 2347$인 경우 다음을 알 수 있다.

$$m = 1733 \cdot 2347 = 4067351$$

그 결과 다음과 같다.

$$\psi(m) = (p-1)(q-1) = 1732 \cdot 2346 = 4063272.$$

$e = 31$로 놓자. 그 결과 다음이 성립한다.

$$(e, \psi(m)) = 1.$$

또한 다음을 알 수 있다.

$$d = 3145759$$

그 결과 다음과 같다.

$$E(x) = x^{31}, \ D(x) = x^{3145759}$$

또한 다음을 알 수 있다.

$$ed = 31 \cdot 3145759 = 97518529 = 4063272 \cdot 24 + 1 = 1, \ \mathrm{mod}(\psi(m))$$

예제 23 (Elgamal 암호체계)

홀수인 소수 p에 대해서 a를 $\text{mod}(p)$ 에 관한 원시근이라 하자.

임의의 a^r, a^s에 대해서 $E(x)=(a^s, xa^{rs})$, $D(a^s, x)=(a^s)^{-r}x$로 정의하면 다음이 성립한다.

$$D(E(x))=D(a^s,\ xa^{rs})=(a^s)^{-r}xa^{rs}=x$$

A는 소수 p에 대해서 $\text{mod}(p)$에 관한 원시근 a를 택하여 다음을 만족하는 d를 구한다.

$$d=a^r, \text{mod}(p), \qquad 1 \le d \le p-1$$

r : 비공개

a, d, p : 공개

B는 다음을 만족하는 s를 택한다.

$$2 \le s \le p-2$$

그리고 다음을 A에게 보낸다.

$$E(x)=(a^s, xd^s)$$

공개열쇠 : a, d, p

비밀열쇠 : r

연습문제

01. 열쇠 $K=3$인 경우 다음 평문에 대한 암호문을 구하시오.

평문 : Send me a document

02. 열쇠 $K=15$인 경우 다음 평문에 대한 암호문을 구하시오.

평문 : CRYPTOGRAPHY

03. $E_K(x)=x+5$인 경우 $D_K(x)$를 구하시오.

04. $E_K(x)=5x+1$인 경우 다음 평문에 대한 암호문을 구하시오.

평문 : university

05. $E_K(x)=17x+4$인 경우 다음 평문에 대한 암호문을 구하시오.

평문 : Security

06. $\pi=$ a b c d e f g h i j k l m n o p q r s t u v w x y z

u y k l t j x s b a r v m z g f h i n w c p o d e q

인 경우 다음 평문에 대한 암호문을 구하시오.

평문 : Send me a document

07. $\pi=$ a b c d e f g h i j k l m n o p q r s t u v w x y z

u y k l t j x s b a r v m z g f h i n w c p o d e q

인 경우 다음 암호문에 대한 평문을 구하시오.

암호문 : university

08. 열쇠 K가 tiger인 경우 다음 평문에 대한 암호문을 구하시오.

평문 : Send me a document

09. 열쇠 K가 bus인 경우 다음 평문에 대한 암호문을 구하시오.

평문 : university

10. 열쇠 K를 다음과 같이 정의하는 경우 다음 평문에 대한 암호문을 구하시오.

$$\pi = \begin{bmatrix} 1\,2\,3\,4\,5 \\ 3\,1\,5\,4\,2 \end{bmatrix}$$

평문 : CRYPTOGRAPHY

11. 열쇠 K를 다음과 같이 정의하는 경우 다음 평문에 대한 암호문을 구하시오.

$$\pi = \begin{bmatrix} 1\,2\,3\,4\,5\,6\,7\,8 \\ 5\,2\,1\,7\,4\,3\,6\,8 \end{bmatrix}$$

평문 : Send me a document

12. 열쇠 K를 다음과 같이 정의하는 경우 다음 평문에 대한 암호문을 구하시오.

$$K = \begin{pmatrix} 4 & 7 \\ 9 & 22 \end{pmatrix}$$

평문 : university

13. 열쇠 K를 다음과 같이 정의하는 경우 K^{-1}를 구하시오.

$$K = \begin{bmatrix} 4\,5 \\ 1\,2 \end{bmatrix}$$

14. Z_{15}^*, Z_{20}^* 을 구하시오.

15. $\psi(320)$, $\psi(1000)$을 구하시오.

16. $(4,15)=1$을 만족하는 임의의 자연수 $4,15$에 대해서 오일러 정리가 성립함을 설명하시오.

17. $(4,23)=1$을 만족하는 임의의 자연수 $4,23$에 대해서 페르마 정리가 성립함을 설명하시오.

18. $(4,15)=1$을 만족하는 임의의 자연수 $4,15$에 대해서 4의 위수를 구하시오.

19. $(5,23)=1$을 만족하는 임의의 자연수 $5,23$에 대해서 5의 위수를 구하시오.

20. Z_{15}^{*}, Z_{20}^{*}에서 원시근을 구하시오.

Chapter _ 11

순열과 조합

11.1 경우의 수

어떤 사건이 p가지의 서로 다른 방법으로 나타나고, 각 사건에 대해서 다시 q가지의 서로 다른 방법으로 나타나고, 또 각 사건에 대해서 다시 r가지의 서로 다른 방법으로 나타나는 경우 모든 사건이 나타나는 방법의 경우의 수는 다음과 같다.

$$p \cdot q \cdot r$$

정의

어떤 사건에 대해서 나타날 수 있는 모든 방법의 경우의 수를 곱하는 것을 계수의 기본원리(fundamental counting principle)라고 한다.

예제 1 30명의 학생중에서 과대표, 부대표를 선출하는 방법은 얼마인가? 단, 중복 금지.

풀이 30명의 학생중에서 과대표를 한 명 선출하고 나머지 29명의 학생중에서 부대표를 한 명 선출하는 방법의 경우의 수는 다음과 같다.

$$30 \cdot 29$$

❑

예제 2 어떤 컴퓨터언어의 변수는 하나의 영문자 또는 하나의 영문자와 하나의 숫자로 구성된다. 이 컴퓨터언어에서 변수의 종류를 구하시오.

풀이 변수가 하나의 영문자인 경우 : 26가지
변수가 하나의 영문자와 하나의 숫자 : $26 \cdot 10 = 260$
그 결과 변수의 종류는 다음과 같다.

$$26 + 260 = 286$$ ❑

정리 1

두 사건 A, B가 발생할 경우의 수가 각각 $p = n(A), q = n(B)$인 경우 A 또는 B사건이 발생할 경우의 수는 다음과 같다. 단, $A \cap B = \varnothing$

$$n(A \cup B) = n(A) + n(B)$$

정리 2

두 사건 A, B가 발생할 경우의 수가 각각 $p = n(A), q = n(B)$인 경우 A 그리고 B사건이 발생할 경우의 수는 다음과 같다.

$$n(A \cap B) = n(A) \cdot n(B)$$

예제 3 정의역 $A = \{a, b, c\}$에서 공변역 $X = \{u, v, x, y\}$로의 함수의 개수를 구하시오.

풀이 정의역의 원소 a가 대응될 수 있는 경우의 수는 4가지이다.
b, c도 역시 각각 대응될 수 있는 경우의 수는 4가지 이므로 경우의 수는 다음과 같다.

$$4 \cdot 4 \cdot 4 = 4^3$$ ❑

예제 4 남학생 5명과 여학생 6명 중에서 각각 1명의 대표를 선출하는 경우의 수를 구하시오.

풀이 남학생 1명에 대해서 여학생 6명 중에서 1명을 선출하는 방법의 경우의 수는 6가지임을 알 수 있다.
남학생 5명 각각에 대해서 6가지의 경우이므로 경우의 수는 다음과 같다.

$$5 \cdot 6 = 30$$ ❑

예제 5 우리나라에 등록된 차량 번호는 다음과 같다.

12가 3456

우리나라에 등록된 차량 번호의 경우의 수를 구하시오.

풀이 세 번째 위치한 한글은 한 개의 자음과 한 개의 모음으로 구성되어 경우의 수는 다음과 같다.

$$14 \cdot 10 = 140$$

그 결과 차량 번호의 경우의 수는 다음과 같다.

$$140 \cdot 10^6 = 14 \cdot 10^7$$ ❏

정의

$n! = 1 \cdot 2 \cdot \cdots (n-1) \cdot n$으로 정의한다.

단, $0! = 1$로 정의한다.

예제 6 $\dfrac{(n+3)!}{n!}$을 구하시오.

풀이 $\dfrac{(n+3)!}{n!} = \dfrac{n!(n+1)(n+2)(n+3)}{n!} = (n+1)(n+2)(n+3)$ ❏

예제 7 학생증의 학번은 6자리 숫자이고 처음 숫자를 0으로 할 수 없는 경우 사용할 수 있는 학번의 개수를 구하시오.

풀이 첫 째 자리에 사용할 수 있는 수는 9개이고, 둘째 자리부터는 10개의 수를 사용할 수 있으므로 경우의 수는 다음과 같다.

$$9 \cdot 10^4$$ ❏

11.2 순열

n개의 원소로 구성된 집합에서 m개의 원소를 택하는 방법은 다음 두 가지 경우가 존재한다.

1) 순서를 생각하는 경우
2) 중복을 생각하는 경우

정의

n개의 원소로 구성된 집합 A에서 A로의 일대일대응 함수를 집합 A의 순열(permutation)이라 한다.

예제 1 n개의 원소로 구성된 집합 A의 순열의 개수를 구하시오.

풀이 집합 A의 임의의 한 원소가 대응되는 경우의 수는 n이고 또 다른 원소가 대응되는 경우의 수는 $n-1$이고 계속 반복하면 마지막 남은 원소가 원소가 대응되는 경우의 수는 1이다. 그 결과 n개의 원소로 구성된 집합 A의 순열의 개수는 다음과 같다.

$$n \cdot (n-1) \cdot \cdots \cdot 2 \cdot 1 = n!$$ ❑

n개의 원소로 구성된 집합에서 중복을 허락하지 않고 m개의 원소를 순서를 생각하여 택하는 방법은 다음과 같다.

$$n \cdot (n-1) \cdot \cdots \cdot (n-m+1)$$

이를 nPm으로 나타내며 다음과 같이 나타낸다.

$$nPm = \frac{n!}{(n-m)!}$$

특히 $n=m$인 경우 다음과 같다.

$$nPn = \frac{n!}{(n-n)!} = \frac{n!}{1} = n!$$

예제 2 26개의 영문자에서 중복을 허락하지 않고 구성할 수 있는 4개의 단어의 수를 구하시오.

풀이 26개의 원소로 구성된 집합에서 중복을 허락하지 않고 4개의 원소를 순서를 생각하여 택하는 방법과 같으므로 다음과 같다.

$$26P4 = 26 \cdot 25 \cdot 24 \cdot 23$$ ❑

n개의 원소로 구성된 집합에서 중복을 허락하여 m개의 원소를 순서를 생각하여 택하는 방법은 다음과 같다.

$$n \cdot n \cdot \cdots \cdot n = n^m$$

예제 3 26개의 영문자에서 중복을 허락하여 구성할 수 있는 4개의 단어의 수를 구하시오.

풀이 26개의 원소로 구성된 집합에서 중복을 허락하여 4개의 원소를 순서를 생각하여 택하는 방법과 같으므로 다음과 같다.

$$26 \cdot 26 \cdot 26 \cdot 26 = 26^4$$ ❑

예제 4 0,1,2로 구성된 4자리의 3진수를 구하시오.

풀이 각 자리에 3가지 경우의 수가 가능함으로 다음과 같다.

$$3 \cdot 3 \cdot 3 \cdot 3 = 3^4$$ ❑

정의

n개의 원소중에서 동일한 원소의 개수가 p, q, r로 구성된 집합 A의 중복을 허락하지 않는 순열의 개수는 다음과 같다. 단,

$$p+q+r = n \frac{n!}{p! \cdot q! \cdot r!}$$

예제 5 proof를 이용하여 5개의 문자로 구성된 단어의 개수를 구하시오.

풀이 p : 1개

r : 1개

o : 2개

f : 1개 이므로 순열의 개수는 다음과 같다.

$$\frac{5!}{1!1!2!1!} = 3 \cdot 4 \cdot 5 = 60$$ ❑

예제 6 2, 2, 2, 3, 3, 5의 6개의 수로 구성할 수 있는 5자리 정수를 구하시오.

풀이 **경우 1** 2, 2, 2, 3, 3으로 구성된 경우 : $\frac{5!}{3!2!} = 10$

경우 2 2, 2, 2, 3, 5으로 구성된 경우 : $\frac{5!}{3!} = 20$

경우 3 2, 2, 3, 3, 5으로 구성된 경우 : $\frac{5!}{2!2!} = 30$

그 결과 다음을 알 수 있다.

$$10 + 20 + 30 = 60$$ ❑

11.3 조합

n개의 원소로 구성된 집합에서 중복을 허락하지 않고 m개의 원소를 순서를 생각하지 않고 택하는 방법을 조합(combination)이라 하고 nCm으로 나타내고 $\binom{n}{m}$로도 나타낸다.

예제 1 p, q, r에서 2개의 문자를 택하는 방법을 구하시오.

풀이 $\{p,q\}, \{p,r\}, \{q,r\}$의 3가지 방법이 존재한다.

즉, $\binom{3}{2} = 3$임을 알 수 있다. ❑

정리 1

다음이 성립한다.

(1) $\binom{n}{m} = \frac{n!}{m!(n-m)!}$

(2) $\binom{n}{m} = \frac{nPm}{m!}$

따름정리 1

다음이 성립한다.

$$\binom{n}{m} = \binom{n}{n-m}$$

예제 2 $\binom{5}{2} = \binom{5}{3}$임을 설명하시오.

예제 3 임의의 n다각형에서 이웃하지 않는 꼭지점들 사이에 대각선을 그릴 때, 모든 대각선의 개수를 구하시오.

풀이 $\binom{n}{2} - \frac{2n}{2} = \frac{n(n-1)-2n}{2} = \frac{n(n-3)}{2}$ ❑

예제 4 남학생 5명, 여학생 4명중에서 각각 2명씩의 대표를 선출하는 방법의 수를 구하시오.

풀이 남학생 5명 중에서 2명의 대표를 선출하는 방법은 다음과 같다.

$$\binom{5}{2} = \frac{5!}{2!3!} = 10$$

여학생 4명 중에서 2명의 대표를 선출하는 방법은 다음과 같다.

$$\binom{4}{2} = \frac{4!}{2!2!} = 6$$

그 결과 대표를 선출하는 방법의 수는 다음과 같다.

$$10 \cdot 6 = 60$$ ❑

정리 2

$\binom{n}{m}=\binom{n-1}{m-1}+\binom{n-1}{m}$이 성립한다.

증명
$$\begin{aligned}\binom{n-1}{m-1}+\binom{n-1}{m}&=\frac{(n-1)!}{(m-1)!(n-m)!}+\frac{(n-1)!}{m!(n-m-1)!}\\&=\frac{m(n-1)!}{m(m-1)!(n-m)!}+\frac{(n-m)(n-1)!}{m!(n-m)(n-m-1)!}\\&=\frac{m(n-1)!}{m!(n-m)!}+\frac{(n-m)(n-1)!}{m!(n-m)!}\\&=\frac{m(n-1)!+(n-m)(n-1)!}{m!(n-m)!}\\&=\frac{(m+(n-m))(n-1)!}{m!(n-m)!}\\&=\frac{n(n-1)!}{m!(n-m)!}\\&=\frac{n!}{m!(n-m)!}\\&=\binom{n}{m}\end{aligned}$$
❑

정리 3

$\binom{n+m}{m}=1+\binom{n}{1}+\binom{n+1}{2}+\cdots+\binom{n+m-1}{m}$이 성립한다.

증명 수학적 귀납법에 의해서 증명한다.

$m=1$인 경우

왼쪽은 다음과 같다.

$$\binom{n+1}{1}=n+1$$

오른쪽은 다음과 같다.

$$1+\binom{n}{1}=1+n$$

즉, $m=1$인 경우 정리는 참이다.

$m = k$인 경우

정리는 참이라 가정하자.

$m = k+1$인 경우

왼쪽은 다음과 같다.

$$\binom{n+k+1}{k+1} = \binom{n+k}{k} + \binom{n+k}{k+1}$$
$$= 1 + \binom{n}{1} + \binom{n+1}{2} + \cdots + \binom{n+k-1}{k} + \binom{n+k}{k+1}$$

오른쪽은 다음과 같다.

$$1 + \binom{n}{1} + \binom{n+1}{2} + \cdots + \binom{n+k-1}{k} + \binom{n+k}{k+1}$$

즉, $m = k+1$인 경우 정리는 참이다.

그 결과 위의 정리는 모든 자연수에 대해서 항상 참이다. ❑

11.4 이항정리

$x + y$의 거듭제곱은 다음과 같다.

$$(x+y)^0 = 1$$
$$(x+y)^1 = x + y$$
$$(x+y)^2 = x^2 + 2xy + y^2$$
$$\vdots$$
$$(x+y)^n = \binom{n}{0}x^n + \binom{n}{1}x^{n-1}y + \cdots + \binom{n}{n-1}xy^{n-1} + \binom{n}{n}y^n$$

위의 거듭제곱 전개로부터 다음의 이항정리(binomial theorem)를 구할 수 있다.

정리 1

$$(x+y)^n = \sum_{m=0}^{n} \binom{n}{m} x^{n-m} y^m$$

증명 수학적 귀납법에 의해서 증명한다.

$n=1$인 경우 왼쪽은 다음과 같다.

$$(x+y)^1$$

오른쪽은 다음과 같다.

$$\sum_{m=0}^{1} \binom{n}{m} x^{n-m} y^m = \binom{1}{0} x + \binom{1}{1} y = x+y$$

즉, $n=1$인 경우 정리는 참이다.

$n=k$인 경우 정리는 참이라 가정하자.

즉, 다음을 만족한다.

$$(x+y)^k = \sum_{m=0}^{k} \binom{k}{m} x^{k-m} y^m$$

$n=k+1$인 경우 왼쪽은 다음과 같다.

$$\begin{aligned}
(x+y)^{k+1} &= (x+y)(x+y)^k \\
&= (x+y) \cdot \sum_{m=0}^{k} \binom{k}{m} x^{k-m} y^m \\
&= \sum_{m=0}^{k} \binom{k}{m} x^{k-m+1} y^m + \sum_{m=0}^{k} \binom{k}{m} x^{k-m} y^{m+1} \\
&= x^{k+1} + \sum_{m=1}^{k} \binom{k}{m-1} x^{k-m+1} y^m + \sum_{m=1}^{k} \binom{k}{m} x^{k-m+1} y^m + y^{k+1} \\
&= x^{k+1} + \sum_{m=1}^{k} \binom{k+1}{m} x^{k-m+1} y^m + y^{k+1} \\
&= \sum_{m=0}^{k+1} \binom{k+1}{m} x^{k-m+1} y^m
\end{aligned}$$

오른쪽은 다음과 같다.

$$\sum_{m=0}^{k+1} \binom{k+1}{m} x^{k+1-m} y^m$$

즉, $m=k+1$인 경우 정리는 참이다.

그 결과 위의 정리는 모든 자연수에 대해서 항상 참이다. ❑

예제 1 $(x+3)^4$의 전개식을 구하시오.

풀이 $$(x+3)^4=\sum_{m=0}^{4}\binom{4}{m}x^{4-m}3^m$$
$$=\binom{4}{0}x^4 3^0+\binom{4}{1}x^3 3^1+\binom{4}{2}x^2 3^2+\binom{4}{3}x^1 3^3+\binom{4}{4}x^0 3^4$$
$$=x^4+12x^3+12\cdot 9x^2+4\cdot 3^3x+3^4$$ ❑

예제 2 $(1.2)^3$을 구하시오.

풀이 $$(1.2)^3=\sum_{m=0}^{3}\binom{3}{m}1^{3-m}(0.2)^m$$
$$=\binom{3}{0}1^3(0.2)^0+\binom{3}{1}1^2(0.2)^1+\binom{3}{2}1^1(0.2)^2+\binom{3}{3}1^0(0.2)^3$$
$$=1+3\cdot(0.2)^1+3\cdot(0.2)^2+(0.2)^3$$
$$=1.728$$ ❑

예제 3 $(x-y)^n$의 전개식을 구하시오.

풀이 $$(x-y)^n=\sum_{m=0}^{n}\binom{n}{m}x^{n-m}(-y)^m$$
$$=\sum_{m=0}^{n}(-1)^m\binom{n}{m}x^{n-m}y^m$$ ❑

예제 4 $(1.01)^{10000}$와 100의 크기를 비교하시오.

풀이 $$(1.01)^{10000}=(1+0.01)^{10000}$$
$$=1+\binom{10000}{1}1^{9999}(0.01)^1+c,\quad (c>0)$$
$$=1+100+c,\quad (c>0)$$
$$=101+c>100,\ (c>0)$$ ❑

예제 5 $(x+1)^n = \sum_{m=0}^{n} \binom{n}{m} x^m$ 임을 알 수 있다.

풀이 $x=1$인 경우 다음이 성립한다.

$$2^n = \binom{n}{0} + \binom{n}{1} + \cdots + \binom{n}{n}$$

또한 $x=-1$인 경우 다음이 성립한다.

$$0 = \binom{n}{0} - \binom{n}{1} + \cdots + (-1)^n \binom{n}{n}$$

즉, 다음과 같다.

$$\binom{n}{0} + \binom{n}{2} + \binom{n}{4} \cdots = \binom{n}{1} + \binom{n}{3} + \binom{n}{5} + \cdots$$ ❑

예제 6 $(3x+\frac{1}{x})^8$의 전개식에서 $x^6, \frac{1}{x^2}$의 계수를 각각 구하시오.

풀이 $(3x+\frac{1}{x})^8 = \sum_{m=0}^{8} \binom{8}{m} (3x)^{8-m} (\frac{1}{x})^m$

$$= \sum_{m=0}^{8} \binom{8}{m} 3^{8-m} x^{8-2m}$$

위의 식에서 x^6의 계수는 다음과 같다.

$$8-2m=6 \quad \Rightarrow \quad m=1$$

그 결과 다음을 알 수 있다.

$$\binom{8}{1} \cdot 3^7$$

위의 식에서 x^{-2}의 계수는 다음과 같다.

$$8-2m=-2 \quad \Rightarrow \quad m=5$$

그 결과 다음을 알 수 있다.

$$\binom{8}{5} \cdot 3^3$$ ❑

예제 7 $(3x-\frac{y}{2})^6$에서 x^3y^3의 계수를 구하시오.

풀이 $(3x-\frac{y}{2})^6=\sum_{m=0}^{6}\binom{6}{m}(3x)^{6-m}(-\frac{y}{2})^m$

$$=\sum_{m=0}^{6}\binom{6}{m}3^{6-m}x^{6-m}(-\frac{1}{2})^m y^m$$

위의 식에서 x^3y^3의 계수는 다음과 같다.

$$6-m=3,\ m=3 \quad\Rightarrow\quad m=3$$

그 결과 다음을 알 수 있다.

$$\binom{6}{3}\cdot 3^3 \cdot (-\frac{1}{2})^3$$ □

연습문제

01. 다음을 구하시오.

(1) $7P3$　　(2) $8P2$

(3) $5P4$　　(4) $12P2$

02. 다음을 구하시오.

(1) $\binom{7}{2}$　　(2) $\binom{10}{4}$

(3) $\binom{6}{1}$　　(4) $\binom{9}{9}$

03. 25명의 학생 중에서 과대표, 부대표를 선출하는 방법은 얼마인가? 단, 중복 금지.

04. 어떤 컴퓨터언어의 변수는 하나의 숫자 또는 두개의 영문자로 구성된다. 이 컴퓨터언어에서 변수의 종류를 구하시오.

05. 정의역 $A=\{1, 2, 3, 4, 5\}$에서 공변역 $X=\{x, y\}$로의 함수의 개수를 구하시오.

06. 어떤 나라에 등록된 차량 번호는 다음과 같다.

12A 345

이 나라에 등록된 차량 번호의 경우의 수를 구하시오.

07. 1부터 9까지 9개의 숫자 중에서 중복을 허락하지 않고 구성할 수 있는 5자리의 수를 구하시오.

08. 1부터 9까지 9개의 숫자 중에서 중복을 허락하여 구성할 수 있는 5자리의 수를 구하시오.

09. TELEPHONE를 이용하여 9개의 문자로 구성된 단어의 개수를 구하시오.

10. 다음을 증명하시오.

(1) $\binom{n}{m} = \dfrac{n!}{m!(n-m)!}$

(2) $\binom{n}{m} = \dfrac{nPm}{m!}$

11. $(x+5)^5$의 전개식을 구하시오.

12. $(1.1)^5$을 구하시오.

13. $(4x+\dfrac{1}{x})^8$의 전개식에서 $x^2, \dfrac{1}{x^4}$의 계수를 각각 구하시오.

14. $(3x-2y)^6$에서 x^5y^1의 계수를 구하시오.

15. $(x^2-2y)^8$에서 x^6y^5의 계수를 구하시오.

16. $(2x-5y)^{25}$에서 $x^{12}y^{13}$의 계수를 구하시오.

17. $(n+1)P3 = nP4$를 만족하는 n을 구하시오.

18. $nPn = nPr \cdot (n-r)P(n-r)$임을 증명하시오.

19. $\binom{2n}{2} = 2\binom{n}{2} + n^2$임을 증명하시오.

20. $\binom{n}{m+1} = \dfrac{n-m}{m+1} \cdot \binom{n}{m}$임을 증명하시오.

Index _

찾아보기

■ 저자 약력

상지대학교 컴퓨터데이터정보학과 교수

전산정보수학

지은이 김익성
펴낸이 조경희
펴낸곳 경문사
펴낸날 2013년 6월 1일 1판 1쇄
2022년 2월 28일 1판 2쇄
등 록 1979년 11월 9일 제1979–000023호
주 소 04057, 서울특별시 마포구 와우산로 174
전 화 (02)332–2004 팩스 (02)336–5193
이메일 kyungmoon@kyungmoon.com

값 19,000원

ISBN 978–89–6105–701–1